人文科普　－探　询　思　想　的　边　界－

What Am I
Doing With
My Life?

我在虚度人生吗？

？

［英］史蒂芬·劳 —著

STEPHEN LAW

大哲学家
对深夜网络搜索问题的回答

Late night internet searches answered
by the great philosophers

石羚 马原 —译

中国社会科学出版社

图字：01-2020-3157号

图书在版编目（CIP）数据

我在虚度人生吗？：大哲学家对深夜网络搜索问题
的回答 /（英）史蒂芬·劳著；石羚等译. -- 北京：
中国社会科学出版社，2020.10
书名原文：WHAT AM I DOING WITH MY LIFE? Late
night internet searches answered by the great
philosophers
ISBN 978-7-5203-6900-8

Ⅰ.①我… Ⅱ.①史… ②石… Ⅲ.①哲学－文集
Ⅳ.①B-53

中国版本图书馆CIP数据核字(2020)第141047号

出 版 人	赵剑英	
项目统筹	侯苗苗	
责任编辑	侯苗苗	高雪雯
责任校对	周晓东	
责任印制	王 超	

出　　版	中国社会科学出版社
社　　址	北京鼓楼西大街甲 158 号
邮　　编	100720
网　　址	http://www.csspw.cn
发 行 部	010-84083685
门 市 部	010-84029450
经　　销	新华书店及其他书店

印刷装订	北京君升印刷有限公司
版　　次	2020 年 10 月第 1 版
印　　次	2020 年 10 月第 1 次印刷

开　　本	880×1230	1/32
印　　张	6.375	
字　　数	138 千字	
定　　价	52.00 元	

凡购买中国社会科学出版社图书，如有质量问题请与本社营销中心联系调换
电话：010-84083683
版权所有　侵权必究

致 泰 伦

引　言

　　很久以前，经过一整天的辛苦耕作、打猎或编织后，人们会凝视天空，严肃地问自己一些探索性的问题。人们会追问生命的意义，想知道是不是有比生命本身更重要的事；人们会问自己，我究竟算好人还是坏人？人们想知道，为什么好人会受苦？人们还会为是否做出了正确的决定而苦恼。

　　如今，在办公室辛苦工作了一天之后，有人会在夜深人静时，选择上网搜索一下。有趣的是，我们仍然在问同样的问题。

　　网络搜索引擎自动联想的搜索条目，可以很好地反映人们输入的问题类型。输入"我在……"时，下方出现的第一个推荐是"我在虚度人生吗？"其他自动推荐的问题包括："人生还有更多可能吗？""我是个好人吗？""我的人生有意义吗？""为什么好人要受苦？"以及"我会下地狱吗？"

　　这是一本关于这些问题的书，它们绝大多数是由谷歌搜索引擎提供的、真实的自动联想问题。这些问题总在我们有点空闲的时候不时闪现在脑海中，让人沉潜思索。

　　有些问题很明显是哲学问题。这些问题正是苏格拉底、亚里士多德和康德等我们熟知的"伟大的哲学家"所思考的问题。另一些问题或许不是显而易见的哲学问题，不过事实证明，哲学总能提供一些有益的视角。有时候，只需做一点哲学概念的澄清，就可以帮助我们明确，自己到底在问什么。哪怕只是了解一两个哲学观点或概念，就会为我们解答自身问题带来实质性的进展。

某种意义上说，这也算是一本"自疗"类型的书。这本书是为了展示哲学（包括伟大人物的哲学思想和见解）将怎样帮助、引导人们解开那些关于自我的问题；它不是那种直接把答案扔到你面前、让你永远不用再思考这些问题的书。你需要运用自己的智力和情商来找到答案。我的愿望正是要你们在读完这本书后，能更好地做到这一点。因此，这是一本旨在帮助你更好地思考的书，它能为你提供许多哲学见解、思考工具，以及一些能从优质的本科哲学导论课程中获得的有用辨析。我希望你能发现，哲学并非与日常生活毫不相干。恰恰相反，在回答这些我们经常偷偷问自己的、严肃而重要的问题时，有一点哲学经验将大不相同。

对于其中一些问题，我会试着提供答案（不过千万不要全盘接受我的说法，你不妨做出自己的判断）。还有一些问题，你会发现我并没有给出所谓的确切答案。通常，我只是提供一些建议，希望你会觉得有用。当然，就像在谷歌上搜索那样，你可以按照任何适合自己的顺序来读这本书。

史蒂芬·劳

牛津

|目　录|

1. 为什么我一个朋友都没有？

我们大部分人都需要朋友。尽管有一小撮人偏爱孤独，乐于过隐士般的生活，但大多数人仍然非常看重友谊。有些人甚至会把它看得比其他事物都重要。古希腊哲学家亚里士多德（Aristotle，前384—前322）坚定认为没有朋友的生活不值得过。他说，友谊是"生活中的必需品……因为没人愿意过百善俱全却独缺朋友的生活"。另一位古希腊思想家伊壁鸠鲁（Epicurus，前341—前270），则主张友谊是幸福的基础："在智慧提供给整个人生的一切幸福之中，以获得友谊最为重要。"

想象一下，如果我们缺少朋友，这是因为什么？我们又该为此做些什么？

一旦开始反思为什么没有任何朋友，你脑子里一定会蹦出各种各样的想法。一个再正常不过的念头或许是："没有朋友是不是因为我不讨人喜欢？"但实际上，很多不讨人喜欢甚至令人厌恶的人都有密友。

那些爱嚼舌、爱挑刺的讨厌鬼在交朋友时甚至还颇具优势。据称,爱丽丝·罗斯福·隆沃思(Alice Roosevelt Longworth,总统西奥多·罗斯福的女儿)的一个枕头上绣着一句名言:"你要是瞧不出某人有哪点好,快来和我做伴!"一些社会心理学家确证:背地里说别人坏话有助于增进人们的亲密感[1]。

当然,青少年间最亲密无间的友谊通常也是最八卦的。尤其在对周遭表达不满时,分享八卦会让他们觉得自己被外界排斥,彼此更加心贴心。简言之,令人讨厌绝对不会成为交友的障碍。

对于"为什么没朋友"这个问题,最显而易见的解释是没把自己"扔"出固有圈子。如果不把自己置身于容易交朋友的场合,那我们或多或少会维持着"孤家寡人"的状态。甚至即使拥有健康的社交关系网并安排了满满的"档期",我们仍然有可能觉得缺少知心朋友。我们或许会认为,真正的友谊要比在夜店、派对及其他聚会等日常交际场合中遇到的人更有内涵。如果坐在一屋子人当中,依然为自己的孤独感到忧虑,那么是时候来思考一下什么是真正的友谊了。

亚里士多德将友谊分为三种,其中两种非常普通,第三种则意味深长。

---

[1] 转引自 https://www.nytimes.com/2006/12/10/magazine/ 10Section2b.t-7.html。同时可参考乔纳森·韦弗(Jonathan R. Weaver)和詹妮弗·博森(Jennifer K. Bosson)所著《我觉得我了解你:分享对他人的消极态度有助于增进亲密感》("I Feel Like I Know You: Sharing Negative Attitudes of Others Promotes Feelings of Familiarity"),刊于《人格与社会心理学学报》(*Personality and Social Psychology Bulletin*)第 37 期,第 481—491 页,2011 年 2 月 4 日在线刊发于 https://journals.sagepub.com/doi/10.1177/ 0146167211398364。

亚里士多德认为，有些友谊是基于有用性。它为我们带来稳定的经济、政治或其他方面的好处。比如，工作中，我们会与那些可能对自己事业大有裨益的人建立友谊。基于有用性的友谊并非一定是剥削与利用。这种好处可以是一种互惠：互帮互助、互通有无。

亚里士多德心目中的第二种友谊基于愉悦。我所寻找的朋友正是那种能为我带来愉悦感的人。比如，和他们在一起，我能陶醉于运动、宴饮抑或听音乐会的乐趣中。

在亚里士多德眼中，以上两种友谊相对而言比较"塑料"。基于愉悦感的友谊取决于我们对什么事感兴趣，但兴趣很可能"朝三暮四"，特别是年轻人的兴趣。假如我的爱好从运动转向打牌，我的朋友圈很有可能会随之改变。

亚里士多德将这两种友谊和更加深入的第三种友谊进行了对比。在这种更深层次的友谊中，我们不会因为某人能给我们带来什么好处而欣赏他。相反，我们喜欢和他做朋友，正是因为他就是这样的人。我欣赏他，是因为我品行良好，同时也承认他品行良好。好的品行经久不衰，好的友谊也能永世长存：

> 那些因为朋友自身之故而希望他好的人，才是真正的朋友。因为，他们爱朋友是因为自身的本性，而不是出于偶然。所以，只要保持善良，友谊就会长存——而善良是一种持久

的品质。[1]

当然，亚里士多德并没有说这种友谊与有用性和愉悦性不能共存。实际上，尽管这种友谊并非旨在寻欢作乐，但的确会让人如沐春风，也将对你大有裨益。亚里士多德指出，拥有第三种友谊的人不妨以人为镜，诚实且毫无保留地折射出一个客观的自己，从而帮助自己成为一个更好的人。

如果你苦苦追寻的正是最后一种友谊，那么为了找到其他好人，你首先要努力变成一个更好的人。走出自我藩篱并且帮助他人，比如做志愿者就是一个好的开始。这建议听起来像是老生常谈，却又是不二真理：想交到朋友，就必须把自己"扔到那个位置"。

---

[1] 亚里十多德《尼各马可伦理学》，第 8 卷。

2. 我的吐司上怎么会印着一张脸?

2004 年, 一片吐司被拍卖到 28000 美元。据说那片吐司展现出了圣母玛利亚的面庞。

有些人真的相信那片吐司是神迹。实际上, 每年都会有各种各样的离奇现象被报道: 特蕾莎修女出现在小圆面包上, 耶稣的形象在卧室门背后, 甚至在马蹄蟹的背壳上显现。到底该如何解释这些令人侧目的"显灵"现象呢?

所有这些被认为是神迹的事, 都是所谓"幻想性错觉"(pareidolia) 在现实生活中的例子。"幻想性错觉"是指大脑在感受到模糊而随机的图像或声响时"脑补"出的画面。事实上, 人们在几百年前就发现了人类容易在偶然情况下看到脸或是其他人的事实。苏格兰哲学家大卫·休谟 (David Hume, 1711—1776) 曾说:"人类有一种普遍的倾向, 认为万事万物都像他们自己……于是我们在月亮上发现人脸, 在云彩上看到军队。"[1]

---

[1] 大卫·休谟《宗教的自然史》(*The Natural History of Religion*), §3。

"幻想性错觉"最广为人知的例子大概发生在火星上。2001年，美国宇航局发射的"维京一号"（海盗一号）火星探测器在环绕火星飞行时拍摄了很多地表照片。当探测器掠过赛东尼亚区时，它拍下一张类似爬虫模样的脸，那张脸大概有800英尺高、2英里长。

美国宇航局披露了这张照片，并声称那是"由于阴影所致、貌似由眼睛鼻子嘴组成一个人头模样的巨石岩层"。然而，不少人坚信"火星之脸"是火星存在某种文明的证据。他们认为，附近还能辨别出包括金字塔在内的人工建筑，所以他们推断这里有所谓的古代火星文明。当然，事实的真相被后来其他探测器拍摄的照片所揭示——人们所说的"脸"不过是从某一角度看起来恰好类似人脸的一座山。

与所有在水果、峭壁、火苗或是云朵中所看到的脸一样，"火星之脸"的出现是由两个原因共同导致的。

其一，有些不常在我们周遭环境中出现的随机图案，会碰巧看上去像人脸。其实这并不奇怪。有些图案看起来自然就像狗、马或耶稣。在微风轻拂的日子，如果目不转睛地看着天上的云朵，你几乎能看到一个飘浮的动物园。其二，我们特别容易在随机产生的视觉噪声中看到"脸"。一项科学研究这样解释："据我们的研究显示，人类进行面部识别的过程靠的是一个自上而下的强大配件，哪怕是最轻微的面部暗示也会让系统得出'这就是一张脸'的结论。"[1]

---

[1] 刘建刚等（Jiangang Liu, Jun Li, Lu Feng, Ling Li, Jie Tian, Kang Lee）《在吐司里看到耶稣：神经和面部幻想性错觉的关系》（"Seeing Jesus in Toast: Neural and Behavioral Correlates of Face Pareidolia"），见于《大脑皮层》（Cortex）第53期，2014年4月，第60—77页。

两种原因双管齐下，使我们人类会无中生有地看到人脸，文章开头提到的那片著名的吐司即属此例。

当然了，"幻想性错觉"也会发生在听觉系统上。有人相信在广播调频产生的白噪声中能听到死神对我们的耳语。这种出现在各种恐怖电影里的"超自然电子噪声现象"，是我们"侦查"人类或其他中介（比如狗、外星人、幽灵、仙女或者神灵）另一种自然倾向的结果，尽管这些东西事实上都不存在。这种倾向又被心理暗示的力量放大：一些随机噪声或是倒放的唱片一定会刻意释放给人们一些讯息，使他们很可能"听到"超自然现象。

所以，到底该如何解释这种过度"脑补"面孔或声音的倾向？卡尔·萨根（Carl Sagan）提出了一种解释，他在《魔鬼出没的世界》（*Demon Haunted World*）这部著作中阐述说，这种倾向是我们人类进化的产物。相较于其他婴儿，能够尽早辨别出父母面容的婴儿会得到更多宠爱。而那些更容易在灌木丛中辨认出动物或人类轮廓的祖先，更有可能在敌人或捕食者的袭击中幸免于难。我们逐渐进化出这种过度"脑补"人脸的习惯，因为在未知的世界里，漏看面孔将显著威胁到我们的生存和繁衍。而"看到"一张并不存在的脸，并不会造成多大损失。

无论以上解释是否正确，毋庸置疑的是，我们天然倾向于在虚无之处看到人脸或者听到人声。那片吐司不过是这种奇特倾向的一个例证罢了。

3. 我在被人操纵吗？

要怎样做才能塑造他人的信念？让某人坚信某事最显而易见的一个途径，就是给他们一个好论点。

有时我们基于证据提供论点。要想让你相信地球是圆的，而且恐龙曾经在这里漫步，我可以拿出排山倒海的证据支撑这些观点，比如那些消失在地平线上的物体或者化石记录。

其他时候，我们可以通过数学计算或者躺在扶手椅上冥思来证明一种观点是正确的。比如，通过在信封背面做一些运算，我可以秀给朋友看：如果他们的浴室地板长宽都是 12 英尺，那么他们需要至少 144 平方英尺的瓷砖来装修。

还有另一种让人信服的办法。要让人相信桌上有个橘子，最好就是让他们眼见为实。为了证明这件事，我会指着橘子大声说，"来看啊，这儿有个橘子"。他们过来并且看到了，大体一定会相信橘子在那儿。

所以，我们可以通过提供有力的推理和论证来影响别人的信念，或者直接向他们展示这一事物真实存在。但这并不是改变他人信念的仅有之策，还有许多其他可行方式，这里列举 6 条。

我们可以使用奖励和惩罚。一个和蔼的祖母可能会这样影响孙子的信念：对他的正确想法报以赞赏的微笑，而对其错误言行皱眉暗示。当然，嘉奖和惩罚也可能是粗暴的，在极权政体的统治下，那些异见者会被施以酷刑甚至处死。

我们可以运用情感控制。比如说，熟谙此道的广告商、邪教徒、宗教和政党，总会将他们服膺的信念与那些积极振奋的意象联系起来，而他们抵触的想法则会以烦扰和恐惧渲染之。

不断重复也是行之有效的方法。比如邪教组织鼓励教众像念咒语一样重复教义。只要重复的次数足够多，信念最终会牢牢扎根。

审查制度和信息控制对于影响信念同样有效。如果你不愿意让人持有某些特定的信念，那保证他永远听不到这些内容就行。

孤立和来自朋辈的压力同样是塑造信念的强大机制。邪教的典型做法是隔绝新成员，使他脱离原有的朋友、家人圈子而置身于满是忠实信徒的朋辈群体。与朋友和家人意见不一，尤其在涉及宗教和政治领域时，将闹得很不愉快。所以来自朋辈的压力对于形成信念非常重要。

供你选择的第六个办法，是利用人们对不确定性深感不悦的事实，尤其是涉及爱、性、死亡及行为正确等重大事件时，我们会对不确定做什么感到焦虑。这种不适感经常被邪教或政权所利用。他们经常会提供生活及信仰的秘诀，并以令人安心的形式将之包装成铁律。这些人会警告你,一旦试图跳出他们圈定的确定性栅栏,你就会陷入混乱和黑暗的境地。

某种程度上,我们都在用这 6 种方法影响他人的信念。比如,父母会习惯性地用某些方法来调教孩子的思想。他们为孩子精心挑选他们认为"正确"的同龄人群体,设法阻断他们和思想"走偏"的孩子交朋友。有些父母可能会鼓励孩子重复效忠诺言、童子军誓词、主祷文等诸如此类的东西。这些父母不仅引导孩子按照某种规范做事,还引导他们笃信某些东西,比如上帝、美国梦、权利、平等、民主等。同样,广告行业也通过这些机制来影响我们的购物选择。通过一条条广告,情感操纵、不断重复、提供各种诱惑、在信息供给上精挑细选等手法一再上演。

所以,我们该为操纵他人的思想而羞愧吗?我个人觉得,除非已经到了完全依赖这 6 种手段而不是运用理性的田地,这种影响他人信念的方式才算得上是操纵思想。关于这些手段存在一个有意思的事实:无论你试图灌输的思想是对是错,它都会奏效。不管你想让人相信月球的成分是石头灰尘还是芝士奶酪,审查控制、朋辈压力、情感操控、不断重复等方法都能遂你所愿。而政权和宗教早已利用这些伎俩,让世人相信了数不清的谎言,且屡试不爽。

从另一方面来说,之所以诉诸某人的理性力量,其魅力很大程度上源于对真理的支持。如果你想试图说明月球是芝士做的,或者后花园里布满小精灵,你会发现要构筑一个合理的、有科学依据的论证非常不易,因为这些主张压根不是真的。当然,你运用理性会得到怎样的结果、将什么信以为真，我不敢打百分之百的包票，但若接受理性的审视，你将有更好的机会去接近真理。

不同于上文讨论的6种技巧，理性并不会偏爱"老师"的信念胜于"学生"的信念。因为它只偏爱真理。所以，如果你试图以理服人，就要做好冒险的准备，因为你的学生同样可以运用理性来证明你所持的是谬论。而这种风险，正是一些所谓的"教育者"极力避免的。

高度依赖这6种机制去杜绝理性论辩绝非好事，它会使我们的信念变得敏感。这种敏感不是对真理敏感，而是对那些驱使思维的奇思妙想敏感。这有时就是一种洗脑。根据神经系统科学家凯瑟琳·泰勒（Kathleen Taylor）所著的《洗脑：思想控制的科学》（*Brainwashing: The Science of Thought Control*）：

> 洗脑的一个突出事实就是它的持续性。不管面对的是一个战俘营的囚徒、邪教头目或是激进的穆斯林主义者，孤立、控制、不确定性、重复和情感操控这5种核心手段都在不断地发挥效能。[1]

如果我们不想被控制，那我们就得在被操控之前及时辨别出这些手段。不幸的是，明察秋毫并不容易。情感操纵和朋辈压力会在不知不觉时对我们施魔法。或许我自认为是通过论辩的理性

---

[1] 凯瑟琳·泰勒《思想犯罪》（*Thought Crime*），见于《卫报》2005年10月8日，https://www.theguardian.com/world/2005/oct/08/terrorism.booksonhealth。

力量才相信权利平等，但这也有可能是屈从于情感操纵、不断重复和朋辈压力的结果。毫无疑问，如果我向我开明的亲戚朋友说"男人比女人高一等"，迎接我的势必是白眼和后脑勺。

所以，为什么我笃信我所做的事？以及为什么要笃信？仅仅是因为我们足够理性？或许是因为我们比自己想象的更像狂热的教徒吧。

4. 真有鬼吗?

　　鬼通常被认为是死去的人及动物的精神、灵魂,它可以向生者显灵。很多人相信有鬼,2013年的一项投票显示约57%的美国居民相信世界上有鬼,有关鬼的节目收视率也居高不下[1]。

　　有时候,鬼是能被"看见"的。其他时候,他们会通过撞击声、敲打声、空洞的声音以及奇怪的氛围和气味,或者借助搬动物体来宣示自己的存在。时下,还有一些技术手段被用来"捉鬼"。有狂热分子会使用电磁波(EMF)探测仪、红外相机、高灵敏度麦克风及其他设备来进行追踪。

　　人类相信有鬼由来已久。古希腊哲学家柏拉图(Plato,前428/427或前424/423—前348/347)就相信有灵,他坚信我们每个人都有一个不朽的、非物质的存在。一旦我们死去,不朽的灵魂就要去往他们所属的、能获得幸福的无形无相之地(参见《人

---

[1] 《2008年益普索/麦克拉奇民意调查》(2008 Ipsos/McClatchy poll), https://www.ipsos.com/en-us/news-polls/majority-americans-believe ghosts-57-and-ufos-52。

生还有更多可能吗？》，第 187 页）。然而，如果我们对自己的形体和由之而来的物质享受过于沉迷，灵魂可能就会由不可见变得可见并滞留尘世。柏拉图这样描述灵魂：

> 它变得沉重，并被拉回可见的世界，对不可见的另一世界与冥王心怀恐惧。我们被告知，这种灵魂徘徊于坟墓之间。在那里可以见到这些灵魂的恍惚形象，它们没有得到解放和净化，还保留着某种可见的成分，因此是可以看到的。[1]

并非所有灵魂都属于人类。在我的家乡牛津的圣埃比街上有一家黑鼓客店，据说在那里闹得不可开交的鬼是一头猪，它时而尖叫，时而哼哼，还会捣毁袋子，咬住店内客人的脚。据称，最终还是当地"智者"将一具"尸体"从建筑中移走并摧毁，这头猪的魂灵才终于被赶了出去。

所以，亡灵究竟有没有在我们身边徘徊围绕？其实，证实它们存在的证据并不够有力。经历了数十年的寻觅，不管是通过照相机、录音设备、移动传感器，或是其他新物件，没有人能提供令人信服的证据证明鬼存在。实际上，所有证明鬼存在的证据基本上都是些奇闻异事，它往往来自号称目击者的第一手记录，但这些记录也是出了名的不可靠。了解我们对人类所做的工作以及

---

[1] 柏拉图《斐多篇》(*Pheado*)，摘自里夫（C.D.C. Reeve）和帕特里克·李·米勒（Patrick Lee Miller）合编《古希腊和古罗马哲学入门读物》(*Introductory Readings in Ancient Greek and Roman Philosophy*)，印第安纳波利斯，哈克特出版公司（Hackett Publishing Co），2006 年，81b-d，第 120 页。

我们看问题的特殊倾向（尤其关注那些也许压根就不存在的类人之物），就会知道，人们仍然期待更多关于鬼的记录，哪怕这种记录是子虚乌有。

根据对人类的哪些了解，会让我们对这些鬼故事产生怀疑？

首先，人类容易产生幻想性错觉（在《我的吐司上怎么会印着一张脸？》中讨论过这个问题，第 5 页）。意识具有从模糊的、随机产生的形状和声音中感知事物的倾向。我们倾向于"看到"或者"听到"其他人、动物或者外星人的代言者，尽管这个代言者实际上并不存在。我们可以很容易地从飘过的云朵、木门的纹理或者卡布奇诺的泡沫中"看到"一张脸。我们也很容易在失调的收音机的嘶嘶白噪声中听到有人在说话。因此，我毫不意外有人说看到鬼魂的脸或听到鬼魂的声音，而实际上并没有真人在活动，更别提幽灵了。

其次，我们人类非常擅长自我暗示，尤其当涉及耸人听闻之事，而我们又倾向于对其持信任态度时。在一个实验中，被告知身处公众降神会（séances）的受试者，如果早就对超自然现象深信不疑，他们就更容易相信"灵媒"关于桌子已经移动的错误暗示，哪怕桌子根本没动过。在所有参与实验的受试者中，约有 1/5 的人认为他们目睹过真正的超自然现象，然而事实证明那都是瞎掰，那只是物体自己移动的某种暗示而已。毫无疑问，如果这些目击者在实验结束时没有被告知真相，许多人随后就会把空穴来风的事情告诉别人，说他们已经看到了真正的超自然现象。这就是暗示的力量。[1]

　　尽管不存在鬼，但我们乐意去关注这些听起来真实的鬼故事，原因之三就是一些人故意伪造证据。早在 19 世纪 40 年代，著名的通灵术士福克斯姐妹就靠开展所谓可以与死者灵魂进行交流的降神会，招揽了大量观众。据称死者会通过发出敲打和叩击的声音来回答问题。后来，二姊妹中的玛格丽特就坦言，是她自己用脚趾和腿发出声音用以伪造死者的表达。哪怕没有故意欺诈，人们有时也会因为漏过关键细节，从而在无意中创造或者美化着那些鬼故事。在某一集捉鬼的电视节目中，人们录到幽暗地窖中传出的一个打喷嚏声。后来，调查人员发现"打喷嚏"的真凶不是鬼，而是一台感应过于灵敏的空气净化器。在制作播出的节目中，空气净化器这一细节最终被排除在外，一个更加刺激的剧情由此诞生。

　　很显然，指出鬼存在的证据不够有力，并不意味着可以下结论说鬼不存在，抑或从没有人见过真正的鬼魂。但是哪怕真有鬼，考虑到我们掌握的关于鬼的绝大多数证据，都基于那些完全可以预料得到的证据和经历，所以无论鬼存在与否，保持怀疑都是一个明智之举。

----

[1]　理查德·怀斯曼（Richard Wiseman）、艾玛·格里宁（Emma Greening）和马修·史密斯（Matthew Smith）《灵异事件中的信念和降神会里的暗示》（"Belief in the paranormal and suggestion in the seance room"），见于《英国医学心理学杂志》（Br J Psychol），2003 年 8 月，第 94 卷（第 3 期），第 285—297 页，网上可见于 http://www.richardwiseman.com/resources/seanceBJP.pdf。

5. 我正常吗？

当人们发问："我正常吗？"很多时候其实是在寻求一种肯定。他们实际上想问的是：我到底是正常的还是有些地方需要设法改进？比如，他们可能会问："像我这样费尽心力确保拼读正确，是正常的吗？""像我这样沉迷于性或性冷淡，是正常的吗？""在这儿冒出毛发，是正常的吗？"

听到别人说"你很正常"往往是一种有效的安慰：原来自己不是怪胎。然而，"你不正常"有时恰恰是你最愿意听到的话，尤其当你身处困境时，你宁愿获知一些医学的、知识的或者其他的客观不足，用以解释你的疑难。比如，对于一些有阅读书写障碍的人而言，及时发现自己的困难"不正常"、意识到自己有阅读障碍，才能带来真正的心理安慰。

我们有时候也会幻想自己"不正常"，尤其是在青少年时期。我们之所以极度希望自己外表看起来"正常"，正是为了显得合群好处，以免受到欺负或霸凌。这在学校期间表现得尤其明显。但与此同时，我们在内心深处又沉迷于幻想自己的不同寻常——比如有超能力，或者成为吸血鬼、狼人及贵族的神秘后代。

可"正常"到底意味着什么呢？

很多时候，我们在使用这个词时不假思索，对于自己或其他人在说这句话时所表达的内容毫无疑义。实际上，一旦我们开始思考："正常"这个词究竟意味着什么？我们就会迅速摆脱那些不知所云的哲学深度。研究何为"正常"就是一个很好的例子，下面我们将尝试指出这一词语的精确含义以及可能面临的一些困难。

一个显而易见的解释是，说某人"正常"就是说他们属于中等水平，或者和大多数人一样。的确，平均值和大多数往往被认为是最正常不过的，比如，正常的体温就是大多数人的平均体温：36.9 摄氏度（98.4 华氏度）；正常的智商就意味着与多数人智商的平均值相去不远。

不过，难道找不到这种解释的反例吗？以天生发色是红色为例，这对于人类而言非常正常，而且也是自然形成的。但它同样又是不寻常的，因为只有不到 2% 的人拥有红头发。

当人们询问"这正常吗"，我们需要补充一句："对谁而言？"有一个和你的腿一样长的脖子，这正常吗？对于长颈鹿而言当然正常。但就哺乳动物而言呢，或许就不正常了（尽管长颈鹿也是哺乳动物）。天生一头红发正常吗？对于苏格兰人来说，当然正常。对于我们来说，很有可能。但是对于有中国血统的人呢？或许就不正常了。甚至当你已经明确了所关涉的群体，大家仍会就"正常"的标准聚讼不已。如果我属于一个占总数10%的少数群体，我算正常吗？如果这一比例变为1%呢？0.01%呢？也许我们用不偏离平均值或者和大多数差不离来定义"正常"，是一个正确的选择。只不过，一个占总数不到2%的少数群体，也不能算是那么不同寻常吧。

处理"红头发问题"的另一个方式是换种定义方法。看起来我们也会用"正常"来表示那些"天生存在"或者"自然发生"的事。在美发师那儿，当他问"这是你的正常发色吗？"他的意思可能是说：这是不是你的日常发色，或者说你的头发大部分时间是染的还是没染的？当然，这个美发师可能也会这样问："这是你的自然发色还是染过的发色？"毕竟，有一头红发，尽管在人群中并不常见，但确实也是人类的自然发色。这不同于亮紫色，那才是纯人工的。所以，如果"正常"被定义为天生存在，那么并不常见的红头发对人而言也确实是正常的。

"正常"一词还有其他用法，有时候它会用于形容一些事物理应呈现的样子。比如看到一头双头小牛，我们肯定会说这"不正常"。这时我们想表达的不仅仅是这种牛不常见（尽管它的确不常见），而是说它不该长成这样，这不符合造物者赋予牛的设计图景（当然，使用"设计图景"这个词并不严谨，我并不认为某种有智慧的存在会以某种方式创造生命）。双头小牛其实是一种畸形，它在孕育的过程中没能发育成应有的样子。哪怕双头小牛已经变得更普遍了，甚至已经占到全部小牛种群的2%，我想大多数人依然会认为它们"不正常"。

　　值得留意的是,双头小牛的例子其实每时每刻都可能在自然而然地发生。从第二种用法看,这种小牛也是正常的,它与人类的红头发一样自然产生。只是在我们所说的第三种用法上,这类牛显得"不正常"。

　　也要看到,按照某种设计图景变成我们理应成为的样子,并不必然是一件好事,当然偏离出去也不一定是坏事。假设人类按照自己的进化史,演变得越来越自私、越来越暴戾。这样看来,人类根据自己的设计图景变得自私暴戾,就像小牛根据它的设计图景应该只长一个头那样正常。但不得不说,把人类培养成慷慨和平虽然违反了原有的计划,但恰恰是件好事。

　　所以让我们回到开头的那个问题:"我是正常的吗?"有人提出这个问题或许是想问:"我算不算是统计学上的正常人?"他们也可能是想问:"我天生如此吗?"抑或"这是我按照某种设计图景应当呈现的样子吗?(是大自然的设计,假如他们信上帝的话也可以是上帝的设计。)"同一问题,会得到不同的回答,这取决于我们到底想问什么。

　　所以,这时引入一个哲学家的例证就多少会有些实际帮助。它可以让我们对于自己到底想问什么有一个更为清晰的认识。正如英国哲学家约翰·洛克(John Locke,1632—1704)所言,我们的大量争议源于同词异意:

　　　　让我们翻阅任何一种有争议的书籍,就会看到,如果应用含混、双关而不定的名词,结果只会产生噪声或是争辩之音，既不会令人信服也不会帮助人们理解。因为如果说者和听者对于言语所表示的观念不能达成一致，那争议的焦点就不在于事物本身，而只在于这些名称了。[1]

仔细想来，围绕何为"正常"的争论，不过是源于人们对"正常"一词的使用方法各异罢了。

---

[1]　约翰·洛克《人类理解论》(*Essay on Human Understanding*)，第3卷，第11章，§6。

6. 我会下地狱吗？

　　我时不时会收到那种写着转发 10 个好友就会走好运、不转就倒霉的邮件。这些邮件通常会罗列那些没转发的人所遭受的厄运。尽管每次都第一时间把它们扔进垃圾箱，我还是忍不住好奇为什么这种转发方式能奏效。尽管人们会对他们挥舞着的这种恩威并施的"胡萝卜加大棒"持怀疑态度，但你仍然可能认为，这是一根相当可怕的大棒，忽视它是一场不值得冒险的赌博。的确，又有谁甘愿去冒被厄运诅咒的风险呢？

　　传统的基督教提供了一种令人印象极为深刻的"胡萝卜加大棒"策略：虔诚信仰基督，你就能得永生；如若不信基督，将受永恒诅咒。

　　在传统观念中，地狱是非常恐怖的存在。希波的圣奥古斯丁（St Augustine, 354—430）在研究了各种《新约》（New Testament）文本后得出结论，地狱实际上是一个火湖，被诅咒的人将在那里经受永恒的折磨。你可以清晰感受到在火湖中被活活燃烧的痛苦,但你的身体却没有被烧焦。如果你想知道为什么,奥古斯丁解释说,上帝奇迹般地使你的身体保持完整,于是你就可以持续受刑。

> 由于万能的造物主创造了奇迹,(永受地狱之苦的人)可以燃烧却不被毁灭,受苦而不死亡。[1]

并非所有基督教思想家都以如此物理的方式来理解地狱。他们有的把地狱解释为上帝的缺席,尽管他们不否认地狱是我们能想象的世界上最恐怖的所在;有的则认为地狱的折磨更多是心理上的,而非身体上的。事实上,其他宗教也认为人死后会有受罚之地。伊斯兰教称其为炼狱(Jahannam),不过伊斯兰教学者对于作恶之人是否会被永久地送到那里还存有不同的看法。

所以你觉得人会下地狱吗?如果会,为什么呢?

在传统基督教看来,地狱以是否信教为边界。如果你死的时候仍然没有信上帝(假设你此前听说过他)并获得来自耶稣的救赎,那么你将永受地狱之苦。可见,宗教信仰是走出地狱的唯一途径。

天堂与地狱为信仰提供了非同寻常的诱因。的确,既没有比这更大的奖励,也没有比这更大的惩罚。

当然,对天堂和地狱的信仰与对上帝的信仰密切相关,原因显而易见。如果你信上帝,那么你就在信仰一个绝对公正和充满

---

[1] 圣奥古斯丁《上帝之城》(*The City of God*),第21卷,第9章。

爱意的神。但这样的上帝肯定不会容忍虐待和杀害儿童者让可怜的小生命永远离开人世,而自己却从未受到公正的惩罚。毕竟,孩子们永远无法因为他人骇人听闻的罪行而得到补偿。所以,如果你信上帝,你就要坚信来世会让所有不公正无一例外地得到矫正。根据基督教哲学家威廉·莱恩·克雷格(William Lane Craig)的说法,地狱是可怕的,但它的存在也是公正的,也确实是好的:

> 在基督徒看来,地狱实际上是好的,而受地狱之苦的遭遇是公正的。关于地狱的教义实现了上帝之正义对邪恶的终极胜利;它向我们保证,我们毕竟生活在一个正义必将得胜的道德世界。[1]

另外,也有很多基督徒认为地狱是不公平的。这也许就是为什么民意调查显示,相信天堂的美国公民比相信地狱的多得多。

这里有一个关于地狱正义问题的明显担忧。无限的惩罚——无尽的、无法忍受的折磨,怎么可能是对我们所犯之罪的适当惩罚?所受之罚难道不应该与所犯之罪相适应、成比例?毕竟我们一生犯下的罪总是有限的。无论我们犯下多少罪,我们总有可能犯更多的罪。但为什么要得到无限的惩罚呢?

圣安瑟尔姆(St Anselm,1033—1109)认为,神圣的裁决应

---

[1]《中间知识和基督教的排他性》(*Middle Knowledge and Christian Exclusivism*),载威廉·莱恩·克雷格的合理信仰网站,https://www.reasonablefaith.org/writings/scholarly-writings/christianparticularism/middle-knowledge-and-christian-exclusivism/.

该是成比例的："上帝要求赎罪的程度与作恶的程度成比例。"[1]然而，安瑟尔姆又认为我们的罪是无限的。我们不服从上帝，就是不服从绝对伟大的存在。所以，我们犯下了一个无比严重的大罪。任何对上帝的不服从，无论多么轻微，即使只是吃了上帝命令我们不要吃的东西，都应该受到地狱的无限惩罚。

这听起来很荒谬。如果一个婴儿在懂得什么是违反上帝之前就夭折了，他们也会下地狱吗？还有那些由于认知障碍而无法形成上帝是非对错概念的人呢？他们不可能故意不服从上帝。所以，他们为什么也该下地狱呢？

根据奥古斯丁的理论，这是他们应当领受的。所有人天生有罪，自从亚当、夏娃违背上帝开始，我们就继承了他们的原罪。所以，哪怕此生没有犯下罪过，我们也理应下地狱。

关于天堂和地狱，最令人不安的问题之一也许是：当人们知道他们所爱的人正在遭遇难以忍受的永恒之苦时，他们怎么能在天堂安享幸福呢？事实上，一些神学家认为，知道——实际上是看到——那些罪有应得的人在受苦是身处天堂的一种乐趣。美国新教牧师及哲学家乔纳森·爱德华（Jonathan Edwards，1703—1758）写道：

> 当圣徒获得荣耀……也将看到那些原本与自己境遇相仿的同胞现在是多么悲惨。当下地狱的人看到痛苦的烟熏、熊

---

[1] 坎特伯雷的安瑟尔姆《上帝何以化身为人》（*Cur Deus Homo*），第 21 章。

熊烈焰的愤怒，听到受刑者痛苦的尖叫和哭喊，想想他们（圣徒）在这时正处于最幸福的状态并将持续这种状态直至永恒，圣徒又会怎样欢乐呢？[1]

但是，难道真的有父母在知道他们的孩子将永远经受地狱之苦后仍能在天堂保持幸福吗？难道上帝会删除父母对所爱之人的所有记忆吗？难道上帝让他们幸福地无视后代所要遭受的折磨吗？问题是，让人们无视、无知，听起来并不像是上帝会做的事。

虽然宇宙正义的想法很吸引人，但并不清楚天堂和地狱是否如传统设想的那样真正实现了正义。事实上，包括我自己在内的许多人，都认为天堂和地狱极端不公平。所以，或许没有一个公正慈爱的上帝会因为你不相信他就要把你送下地狱？

---

[1] 乔纳森·爱德华兹《义人对于恶人结局的猜想》（*The End of the Wicked Contemplated by the Righteous*），又名《恶人在地狱受尽苦难，圣徒在天堂没有悲伤》（*the Torments of the Wicked in Hell, No Occasion of Grief to the Saints in Heaven*），第 2 部分。

7. 为什么要生娃?

人类为生育赋予了很多意义。有的理由很无私:我们希望为世界带来一个新生命,希望他能有机会给世界带来幸福并且获得人生成就。当看到一群在公园快乐玩耍的孩子,你可能会想:"谁不愿意创造更多这样的小生命呢?"我们认为人类是好的存在,只有生育才能使之生生不息。这样看来,生娃是好事。

当然了,生娃难免也有些自私的理由。有些人认为不生孩子的人生不算完整。有些人考虑着养儿防老。当老之将至时,儿孙可以为我们提供陪伴和安全。

几乎所有人都认为生孩子是好事,但这真是一件好事吗?去做大家都认为对的事的确能令人徒增自信,不过这时候会跳出一个哲学家提出质疑,为这件看起来毋庸置疑的事又打了问号。

德国哲学家亚瑟·叔本华(Arther Schopenhauer, 1788—1860)认为,人类的存在与其说是祝福,不如说是负担。他得出结论,生育其实是不理智的:

倘若生儿育女仅是一件纯粹理性的行为，人类种群还会持续繁衍吗？如果人类对下一代抱有如此多的怜悯爱惜，难道他不愿意减轻他们生存的负担，或者至少不会冷血地把负担强加在下一代身上吧？[1]

不过，关于我们不该有孩子的这种"人口控制论"观点本身要比叔本华年长得多，你甚至可以在《旧约》(*Old Testament*) 中找到这样一种观点：

我又说，那已经死了的人，比那活着的人更有福。那未曾出生的人，也就是未曾见过日光之下恶事的，比这两种人更强。[2]

事实上，作为对叔本华关于"生命与其说是祝福，不如说是负担"观点的一个回应，我们需要指出，尤其从《圣经》时代开始，人类生活质量在这个世界的方方面面都出现了显著的改善。在生活中，我们最害怕的事情之一就是受苦。然而，正如上文所说，我们正在学习减轻生存之痛，这种改变也将毫无质疑地继续下去。所以叔本华所说的"生存的负担"一直在变小。

南非哲学家大卫·贝纳塔尔（David Benatar）反对这种乐观

---

[1] 亚瑟·叔本华《论人世的痛苦》(*On The Sufferings In The World*)，首次出版于 1851 年。
[2]《传道书》，4: 2-3（新国际版《圣经》）。

的看法。在他的书《还不如不来》（*Better Never to Have Been*）中，他提出呱呱坠地始终是一种严重的伤害，生孩子总是错误的。他并不是提议强迫人们不要孩子，而是认为如果人类不生娃会更好。不过贝纳塔尔也承认，由于人类有生育的强烈生理冲动，所以很少有人会同意他的观点。

据贝纳塔尔所见，尽管人类的存在并不总是纯粹受苦，我们应该避免制造更多苦难，使已经够糟的情况雪上加霜。他认为坏事总比好事多，例如，最大的痛苦比最大的快乐更糟糕。"如果你怀疑这一点"，贝纳塔尔说，"诚实地问问你自己，你是否愿意用一分钟最痛苦的折磨来换取一两分钟最快乐的时光"[1]。的确，痛苦持续的时间也比快乐长得多。一次性爱或者一顿美餐终究是短暂的快乐，而痛苦可以持续数月、数年，甚至一生。贝纳塔尔还指出，我们永不知足。例如，当我们有规律地吃东西时，我们很自然地开始关注我们的下一个欲望，当这个欲望得到满足时，就会再转向下一个欲望。我们的生活就是一台永不停息的跑步机，不停在奋斗，却没有持久的满足感。

我们大多数人都想要孩子。对许多人来说，这种冲动势不可当，甚至压倒一切。然而，仅仅是我们想这样做，并不意味着它就是正确的。像许多哲学家那样，贝纳塔尔问出了一些不好回答且令人不安的问题。

---

[1] 大卫·贝纳塔尔《要孩子？直接说不》（"Kids? Just say No"），见于《万古杂志》（*Aeon magazine*），在线版见于 https://aeon.co/essays/having-children-is-not-life-affirmingits-immoral。

8. 我是不是快死了？

是的，你当然在走向死亡。但这是一件坏事吗？

大多数人认为死亡很糟糕，它夺走了我们的未来，剥夺了我们追求所在意的梦想、参与所喜爱的活动的那种能力。所以它难道不是一件极其糟糕又的确令人恐惧的事情？

实际上，并非所有哲学家都认为死亡是可怕的。古希腊哲学家伊壁鸠鲁就认为，无论死亡何时降临都不值得害怕：

> 我为何要畏惧死亡？
>
> 若我还在，死亡就不存在。
>
> 如果死亡来了，那么我已消失。
>
> 为何我要害怕一个只有我不在时才会存在的东西？[1]

---

[1] 伊壁鸠鲁《致美诺西斯的信》（*Letter to Menoeceus*）。

罗马哲学家卢克莱修（Lucretius，前99—前55）对伊壁鸠鲁的观点深表赞同。这并不是说，当我们经历死亡时，就能体验到它。实际上死亡一旦降临我们就不再存在了。卢克莱修提醒大家，在出生之前，我们也并没有存在很长时间。在人类出现之前，整个宇宙已经自为地运行了几十亿年，哪怕人类此前不存在，也没有任何值得恐慌的地方。所以，对于我们死后的世界又有什么值得害怕的呢？

尽管如此，这种观念仍然不能打消大多数人的疑虑。死亡看起来的确很可怕，尤其是对年轻人来说。我们对事业、孩子、旅行等事物的一系列计划都将被打断，我们曾经拥有的一切潜能都将失去实现的机会。不必讳言，那些英年早逝的人确实被剥夺了不少有价值的东西。

如果推迟死亡是个好点子，为了延长寿命，那就赶紧戒掉烟瘾、健康饮食走起吧。随着科技的进步，人们能未雨绸缪的事情会越来越多。有些人认为人类最终可以完全关闭老化的过程。我们所认为的衰老，大致是体内的细胞和分子积年损伤的结果，这些损伤原则上是可以修复的。随着技术和医药的发展，我们所认为的老年人症状完全可以避免。只要我们希望，就能永远保持20岁的躯体，或者至少可以活到除衰老之外的某种东西把我们干掉为止，比如我们可能因为被疾驰而过的公交碾过、从悬崖峭壁上坠落，抑或感染致命疾病而死。所以，先进的抗衰老技术不会带来永生，但它可以让我们避开岁月侵蚀、保持不老容颜。

另一种逃避死亡的方法是将你的身体冷冻起来，这样它就可以在科技足够发达并且发展出治愈杀死你的疾病和使你复活的能力之时，让你得以重生。正如这项学科的名称"人体冷冻法"所表明的那样，你之所以成为你，是因为你的身体构造，尤其是你的大脑组成。如果你的大脑在死后被保护得足够好，你就能够复活。

被冻硬的生物有望复活。当我十几岁时，我在冰箱里储存了一些钓鱼用的蛆虫。它们变成固体块，但解冻后又再次开始蠕动。如果蛆虫在冻结实后还能复活，为什么人类不能呢? 不幸的是，人类要复杂得多，冷冻的确会杀死我们。所以，如果要将冷冻保存的躯体再次激活，我们需要修复冷冻对它造成的损害。

但也许保存物理意义的你并不是必要的? 有些人认为我们的身份和记忆可以上传，就像我们可以把电脑文档上传到记忆棒然后再把它下载到另一台电脑上一样，我们无须在两台不同的电脑之间做任何物理意义的搬运转移工作。这也启示我们，理论上可以将人的记忆和思维传送到另一个躯体之中。如果你赞同你之所以成为你，其实是因为你的大脑及神经系统的构造方式，那么我们为何不能通过把你当前大脑的所有必要信息上传，然后再把你下载到一个新的大脑中，从而完成信息从一个大脑到另一个大脑的转运过程呢? 事实上，把你下载到一个机器人的电子大脑里也未尝不可吧? 通过上传自己，我们可以通过成为一个"电子人"从而实现永生。

通过上传记忆实现永生，是一个名为"2045 倡议"的组织的目标之一。当然，另一个问题随之而来：被上传的真的是你吗，或者仅仅是你的一个副本？

假设我快死了，然后我发现我的大脑被扫描了，一个电子版本的"我"又被上传并下载到一个将会继续存在的新身体里。就我而言，这似乎算不上什么安慰。因为幸存下来的人不是我，而仅仅是某个像我一样的人，而我依旧是死了。如果这个想法是对的，复活就不单是上传一个副本，它也需要让物理意义的我被再次激活。

假设在未来，后辈有能力让我们起死回生，但他们会这么做吗？如果我们有能力，我们应该将公元 1 世纪的中国牧羊人带到这个世界吗？对我们来说，这可能是一次有趣的邂逅；但对于死去的牧羊人来说，这可能是一次摸不着头脑、甚至令人恐慌的经历。熟知的生活早已一去不返，他们也会发现自己根本不可能适应我们的现代生活。事实上，对复活者也好，对被复活者也罢，将早已死去的人带回人间，几乎没有什么明显的好处。

不过，这些伦理问题此时主要还停留于理论。事实是你和我都会死，这是我们的命运所在。时下，不会死亡还仅仅是句戏言。

9. 为什么我不享受生活？

幸福总是难以捉摸。它是一种我们拼命追求但罕少实现的东西。实际上，我们越是努力去争取，它越容易消失在地平线上。

如果我们不确定自己追求的是什么，幸福之路就会格外艰难。所以到底什么是幸福呢？

一种显而易见的理解是：幸福仅仅是我们的主观感受。作为研究幸福学的顶尖学者，理查德·莱亚德（Lord Richard）教授研究认为，幸福就是"感觉良好"。想得到幸福，就是希望感觉良好，而且要一直保持感觉良好。

不过这仅仅是有关幸福的一种说法，根据亚里士多德的观点，真正的幸福（希腊语中的"eudaimonia"）根本就不是主观感受，相反，它是"完整一生"的某种特征。他在著作《尼各马可伦理学》（*Nicomachean Ethics*）中论述说，幸福的人就是终生品德高尚的人：

　　　　幸福的人总是让他积极的行动与完满的德性相匹配……
这种活动必须保持终生，因为一燕不成春，一日不成晴；同
样，一时短暂的幸福也不能为人们带来至高的幸福。[1]

　　对于当代人而言，亚里士多德的幸福观可能有些格格不入。
我们多数人不会把幸福和美德联系起来。与亚里士多德不同，我
们觉得哪怕是无恶不赦的坏人也可以很幸福。

　　不过，时下仍有很多虔诚的宗教人士把幸福和美德联系起来。
但与亚里士多德不同的是，他们倾向于认为幸福不是道德生活的
特征而是结果。好人今生未必幸福，他们获得的赏赐应许在以后，
在天堂之中。从历史上看，很多基督徒都在今世受尽了苦难，以
期来世获得幸福。为此，他们拒绝享乐，惩罚自己，甚至不惜自残。

　　一些犬儒主义者认为驱动一个人做出行动的根本目的，毫无
例外都是为了增加他自己的幸福感。根据"心理利己主义者"的
说法，为慈善事业捐款的人不值得赞赏。他们的乐善好施不过是
想通过自命清高的优越感来使自己感觉良好。可见，没有人会无
私奉献，其中总有一些不可告人的动机。

　　实际上，心理利己主义是没有说服力的。的确，有些人会通
过给慈善机构捐款，从而让自己心情舒畅。但假设有一种神奇的
药丸，你吃了它就会产生一种强烈的错觉：感觉自己已经捐了一
大笔钱，尽管实际上你一分钱都没捐。给你两个选项：真给慈善

----

[1]　亚里士多德《尼各马可伦理学》，第1卷。

机构捐赠抑或吞下药丸、留下现金，你会选择哪一个？事实上，几乎每个人都会选择给慈善机构实实在在的捐赠，而不仅仅要一种已经做过捐赠的感觉。如果心理上的利己主义是真的，那捐赠就没有意义了。也就是说，虽然帮助别人显然可以让我们感觉舒服，但舒服通常不是我们如此行事的原因。

还有一个理由，可以用来质疑那种对我们而言最重要的、被理解为"感觉良好"的幸福观念。假设有一台机器可以用来生产任何主观体验。把你自己放进去，它就会模拟你想要的任何东西。你可以体验攀登珠穆朗玛峰或在月球上行走的感觉。从聆听贝多芬弹钢琴到与你最爱的偶像滚床单，你的所有疯狂幻想都可以被满足。你也无从辨别这到底是机器刺激的体验还是真实无伪的经历。

你或许满怀期待地想试一下这台机器，我当然也想。但是假设你有机会在它所创造的虚拟世界中度过一生呢？假设你有机会让自己完全沉浸其中，以至于你甚至都意识不到所经历的一切其实并不真实。你会接受这个提议吗？

我猜几乎没有人会。我们的确想要感觉良好，但有些事情显得更重要。完全生活在一个被幕后控制的虚拟世界里，就交不到任何真朋友，没有任何真实的人际关系，缺乏我们许多人所渴望的那种实在的成就（比如真正攀上珠穆朗玛峰）。我们大多数人都想过真实的生活。对于那些在虚假现实中度过一生的人而言，他们或许会在主观上感到满足，但当被告知大限将至，他们所经历过的一切都只是假象，既没有真正的朋友，也没有人真正关心他们，最大的成就也都是假的，他们很可能会觉得自己的一生被可悲地浪费掉了（这一点我们将在《诚实永远是上策吗？》一章中再次讨论）。

实际上，"感觉良好"对人类而言虽然不是最重要的，但的确也很关键。所以如何才能增加幸福感？越来越多的证据表明，从感觉良好的意义上说，增加幸福感的秘诀非常简单。为了让你更幸福，下面给出7条备受人们认可的建议：

1. 发展良好的人际关系。备受信任的亲朋好友为我们提供了坚强的保护网，这对提升幸福水位有着显著影响。请注意，重要的不是我们有多少朋友，而是这些关系的质量。和那些自己也很快乐的人成为贴心朋友，将对我们的幸福感产生更大的影响。

2. 合理水平的收入很重要。为如何支付账单而发愁时，你恐怕很难快乐起来。研究表明，当年收入向着约7.5万美元（取决于生活成本）的目标上涨时，我们的幸福感随之增加。一旦超过这个水平，收入的进一步增加对幸福感的持久影响微乎其微，哪怕是彩票中了大奖。

3. 驻足停留，细嗅玫瑰。花点时间聚焦于此时此地（这有时也被称为"正念"），有助于改善我们的感觉方式。不妨每一两天就找个时间看看彩云之往来。当你在吃饭的时候，不要狼吞虎咽，而是仔细地品味每样食物的滋味。此外，也可以花几分钟时间专注于你的呼吸吐纳。

4. 做到善良和慷慨。帮助别人是改善我们感觉的有效方法。更积极地评价他人，帮助他们感觉良好，花点时间做志愿者，或者为别人付出，都能使我们更加愉悦。

5. 无论是汽车、手表，还是衣服、电脑，不要把钱花在买更多新东西上，而要花在获得新体验上。令人沮丧的是，我们从购物中获得的快乐往往是短暂的。要想通过消费来获得幸福，来一次旅行或冒险，与朋友一起大餐一顿，听一场精彩的音乐会，或者参加一个庆祝派对，都是卓有成效的方式。

6. 锻炼。众所周知，坚持锻炼有助于放飞我们的心情。

7. 心存感激。每天花一点时间想想生活中好的方面，比如在日记里做个记录，或者向朋友和家人敞开心扉，这些都能提升你的幸福感（更多的讨论参见《为什么我不感激自己拥有的一切？》，第 120 页）。

10. 我是种族主义者吗？

我们都熟悉这样的场景：一些人标榜"我不是种族主义者，但是……"，然后继续说一些种族歧视的话。难道我也会不自觉地成为一个种族主义者吗？我应该对无意识的偏见感到内疚吗？

种族主义是一种偏执。它牵涉一种基于种族而产生的、对他人的偏见和不公对待。种族主义是一个例子，用以说明我们根据感知到的种族、宗教、性别和其他差异划定界限，然后对支持我们阵营的人加以区别对待的一种普遍趋势。我们人类是部落生物，有用"圈内"和"圈外"来思考问题的倾向。

不幸的是，很多伟大的哲学家也是明显的种族主义者。伊曼努尔·康德（Immanuel Kant，1724—1804）认为"白人种族"最接近完美，大卫·休谟也认为其他所有人都不如"白人"[1]。英国和美国的白人奴隶主还经常引用亚里士多德的话，说某些人是

---

[1] 伊曼努尔·康德《论人的不同种族》(*Von den verschiedenen Rassen der Menschen*)，1777年。

"天生的奴隶"[1]。

度量种族偏见的一种可供尝试的方法是使用内隐联想测试（IAT）。该测试设计用于找出基于种族、性别和性取向等因素形成的对少数群体的无意识偏见。例如，其中的"种族"测试要求被试者按左右键，尽可能快地对黑人和白人的面孔、正面和负面的词语进行分类排序。其测试网址如下：

https://implicit.harvard.edu/implicit/selectatest.html。

这个测试背后的逻辑是，如果参加测试的人容易将负面特征和黑人结合，那么他们会发现将黑人面孔和负面词汇联系起来更容易，因而他们点击按键的反应会更快。这样一来，偏见就暴露出来了。几十年来，尽管明显的、有意识的种族偏见一直在减少，但关于许多人仍然持有隐性种族偏见的怀疑一直存在。"种族"IAT正是为了揭示这种无意识偏见而设计的，大多数参加在线测试的人的确也暴露出了一定程度的偏见。

在另一项令人不安的测试中，当人们看到某人拿着一个模糊物体的图像时，人们更有可能把图像中的手机误认作枪。如果这个人是一名"圈外"男性，人们有可能向他开枪。研究还表明，当受到威胁时，比如深夜时分，我们更容易对外界产生怀疑。如此看来，内心恐慌在一定程度上加剧了种族主义。这也就能解释，

[1]　亚里士多德《政治学》，第1卷。

为何那些感觉走投无路或者脆弱的人更容易产生种族主义倾向。

如果我们都表现出某种程度的种族偏见，那么把种族主义问题呈现为种族主义群体和非种族主义群体之间的斗争纯属误导。这种想法会掩盖我们都容易受种族主义影响的事实。这会使我们中的一些人安于现状，对自己的种族主义倾向一无所知、视而不见。它同时也会将一些原本与我们拥有相同负面特征（哪怕表现出的程度不一样）的人妖魔化并使之成为"圈外人"。

哲学家乔治·杨西（George Yancy）在他的文章《亲爱的美国白人》（*Dear White America*）中，巧妙利用了我们都有偏见的毛病这一事实（包括杨西自己在内），来安抚白人读者，使他们相信自己并没有种族歧视。

> 如果我告诉你我有性别歧视怎么办？嗯，我是。是的，我曾这样说过，不过我的意思是……实际上，我猜基本没有人会坦诚地说自己是性别歧视者，而承认他们的性别歧视主要是压迫女性的人更少之又少。他们当然不会袒露真心话，顶多只会如我所做的那样。[1]

杨西解释说他并不想成为一个性别歧视者。只不过，尽管他尽了最大的努力、下了最强的决心，但他仍然存有性别歧视。当他看到性别歧视时，他没能成功地向其发出挑战；并且他表示经

---

[1] 乔治·杨西《亲爱的美国白人》，发表于《纽约时报》（*The New York Times*），2015 年，见于 https://opinionator.blogs.nytimes.com/2015/12/24/dear-white-america/。

常被自己隐藏的性别歧视思维"伏击"。只不过,他拒绝向自己和他人撒谎说自己不是性别歧视者。

杨西向他的白人读者建议不要因为任何事情责怪黑人,尽管他们可能就有黑人朋友和亲戚,更不要使用"N"开头的这个词[1]。当然,即便做到这些,也并不意味着他们不是种族主义者。他们:

> 因为身为白人而得到安慰,我们却因身为黑人和有色人种受苦。你的安慰与我们的痛苦、遭遇相连。就像我作为男性的舒适与女性的痛苦相伴生,这让我有了性别歧视,而你成了种族主义者。这就是我想要你接受并拥抱的天赋。这是一种关于禁忌的知识。想象一下接受这样的天赋可能对你和这个世界造成什么样的影响。[2]

如果杨西是对的,那么让白人接受我们是种族主义者,或许是处理种族主义问题的第一步。

人类可能天生就怀有偏见的倾向,我们中的许多人也会主动监督自己是否存在这种固执之见并尽最大努力与之斗争。我们永远不可能做到完美,但我们可以做很多事情来确保自己不会基于非理性的偏见而对"圈外人"做出负面判断。

---

[1] 指带有种族歧视色彩的骂词"黑鬼",negro。——译者注
[2] 乔治·杨西《亲爱的美国白人》,发表于《纽约时报》(*The New York Times*),2015 年,见于 https://opinionator.blogs.nytimes.com/2015/12/24/dear-white-america/。

　　如果你想阻止他人成为种族主义者，我估计对着他们大喊"种族主义者"或许会更有用一些，它使你能在谴责他们的同时享受到一点点正义的愤怒。但要真想改变种族主义者，基本没有可能。

　　当然，就种族问题进行建设性的对话要比纯粹的义愤与指责困难得多。但这一努力是值得的。特别是一项研究表明，通过对话鼓励人们记住自己是偏见的受害者，可以减少他们对别人的偏见。看起来，站在你冷眼视之的那些人的角度换位思考，或许是解决问题的可用之方。这样看来，让种族主义者发生改变也未必是一件难如登天的事。[1]

---

[1]　大卫·布鲁克曼（David Broockman）和约书亚·凯拉（Joshua Kalla）《〈持续减少跨性别恐惧：一份挨家挨户做调查的田野实验〉的辅助材料》（"Supplementary Materials for Durably reducing transphobia: A field experiment on doorto-door canvassing"）的，见于《科学》（science），第 352 卷，第 220 页，发表于 2016 年 4 月 8 日，见于 http://science.sciencemag.org/content/sci/ suppl/2016/04/07/352.6282.220. DC1/Broockman-SM.pdf 。

11. 我有自由意志吗？

古希腊人担忧命运。在他们看来，三位女神在她们的织机上编织出人们生活的织锦，这就是命运。无论你做什么，无论你会遭遇什么，都是命中注定的，因为命运女神已经将你的人生之线编织进入历史的织锦中。尽己所能就能逃避你的命运？答案并非如此。事实上，你反抗命运的企图，所带来的结果可能是早已注定的。

说明命运在起作用的一个绝佳案例，是萨默塞特·毛姆（Somerset Maugham）在他的短篇小说《相约萨马拉》（*An Appointment in Samarra*）中复述的一个古老的美索不达米亚故事。一个商人把他的仆人送到市场上买粮食。之后被吓得丢了魂似的仆人回来了，据说是在市场上看到了死神，死神对他做了一个威胁的手势。仆人借了商人的马匹飞驰至75英里之外的萨马拉，试图逃避命运的牢笼。与此同时，商人去集市时也看到了死神，他问死神为何要威胁他的仆人。死神回答说："那并不是威胁手势，而仅仅是表示惊诧。我很惊讶能在巴格达见到他，因为今晚我和他在萨马拉有个约会。"

这个可怜的仆人命中注定那天晚上将要死去，他对此无能为力。但宿命论是真的吗？即无论我们做什么，未来都是提前确定好的？显然不是。宿命论的荒谬已经被某些人所证实，当他们被告知应该系上安全带从而能够在车祸中救自己一命时，他们不仅不听，还说"随它去，随它去，该来的终究会来，我无法改变将要发生的事情"。实际上，我们眼下所做的正在改变未来。安装安全带使成千上万的人避免重伤或死亡，在跳下飞机之前背上降落伞方能保住人们的性命。

然而，即使宿命论是错误的，也许还有另一个更严重的隐患，威胁着你决定生活何去何从的自由。

科学揭示宇宙是由自然法则支配的，这些法则决定了万事万物的呈现方式。只要对自然法则和事物在特定时刻的物理状态有足够的认识，我们就能大体预测出一小时、一天、一年乃至十年后会发生什么。因为人类是物理世界的一部分，我们也要遵守同样的法则。所以理论上，我们所做的每件事都可以在做之前就被预测到。当你面对一个岔路口时，你可能会认为选择往左走还是往右走是一个自由的选择。但事实证明，无论你做出何种选择，都是很久以前由自然法则和先前的宇宙物理状态决定好了的。就像一只被击中的球滚过台球桌一样，你不能逾越法则行事。

当然，我们自认为是自由的。在我们看来，我们可以做出自由选择并将其付诸行动。但也许我们是大自然的傀儡，自由意志不过是一种幻觉。

　　科学已经确认，许多看起来一目了然的事情实际上并不是真的。地球看起来似乎是静止的，然而科学已经证明它在运动。像静止的地球一样，为什么科学不能揭示自由意志也是一种幻觉？

　　虽然宿命论很容易被摒弃，但这种有科学依据的、对自由意志的威胁，看起来更为棘手。我们现在面临着一个著名的、令人苦恼的哲学两难困境。一方面，在我们看来，我们是自由的。另一方面，我们得出一个论点认为，建立自由意志似乎是一种幻觉。所以，有些东西必须放弃。但那究竟是什么？在这个问题上，还没有达成哲学或科学上的共识。一些哲学家和科学家认为自由意志是一种幻觉，其他人则旗帜鲜明地提出反对。

　　一种流行的为自由意志辩护的说法是，之所以坚持你是自由的，因为你完全可以自由选择早餐喝茶还是咖啡，实际上也并没有什么自然法则决定让你会选择茶而不是咖啡。问题在于，这种辩护存在误导，诚然并没有什么自然法则要求你必须选茶而不是咖啡。然而，你有时选择茶，其他时候选择咖啡，这是因为你在选择茶的日子和选择咖啡的日子存在身体层面的差异，而这些差异是你没有意识到的。你做出的选择仍然是由基本的自然法则和精确的物理条件决定的。

　　但我们必须承认每一个物理事件或身体反应都有一个物理原因吗？有些人为自由意志辩护，坚称自己的心灵不是物理世界的一部分。当他们决定去拿茶而不是咖啡时，他们非物质的心灵会做出一个自由的、不受制于人的选择。然后，他们的大脑以某种方法引发了一连串的物理事件，导致他们伸手去拿茶。

这一理论认为，人的心灵没有物理性质，尽管这可以避开物理决定论，但心灵仍会成为物理事件发生的原因。这是法国哲学家勒内·笛卡儿（René Descartes，1596—1650）的观点，笛卡儿认为，非物质的心灵，通过大脑中的松果体来影响你的身体动态。他认为松果体的功能实际上类似于一根天线，它接收来自非物质心灵的输入信号，然后把它变成身体活动，同时它也让心灵知道身体发生了什么。因此，根据笛卡儿的观点，在我们松果体中发生的由心灵引发的这类物理事件，没有物理原因。

然而，越来越多的科学证据表明，我们的身体并不受非物质心灵的控制。事实证明，某人的大脑在即将做一个清醒的决定之前，比如用右手还是左手按下一个按钮，会呈现出一些生理变化，供观察者在此人做出决定之前有完整的7—10秒，用以预测这个人将会使用哪只手。如果一个人有意识地使用左手而不是右手的决定是由非物质的心灵做出的，通过对大脑提前7—10秒的观察用以预测他们会使用哪只手将不再可能。

另一种证明自由意志的方法是诉诸量子不确定性。这并不像听起来那么复杂。现在，大多数物理学家倾向于这样一种观点，即在非常非常小的量子级上发生的事情，并不是完全由物理决定的。在某些实验中，自然法则似乎并不能精确地决定亚原子粒子会落在什么地方，而只能大致推算它会落在什么方位。所以如果在量子层面存在不确定性，这是否就意味着自由意志实际上是可能的？

事实上，我们还不清楚量子级的不确定性或随机性本身是否会产生自由意志。随机事件和物理决定的事件一样，都不是我们可控的。假如我脑子里有什么奇怪的、随机的事情突然发作，我的胳膊猛地抽出然后打你的鼻子，我打你可不能算作自由选择的例子。

目前看来，如果我们想要捍卫自由意志不受物理决定论的威胁，最好的办法就是努力证明自由意志和决定论是相容的。也许，当解开"自由行动"的含义时，我们会发现，即使所做的一切都是由物理决定的，也可以算是自由行动。但是，这种将科学发现与自由意志相调和的策略会奏效吗？目前尚无定论。

12. 通灵术是真的吗？

很多人会找通灵术士当参谋。人们找他们咨询，有时是想预测未来，或试图与亡者对话。通灵术是一门大生意，每年都能赚几百万美元，甚至连企业都要找他们帮忙。据报道，专做财务领域的通灵师丽莎·琼斯（Lisa Jones）为她的商业客户提供咨询服务，每次收费高达 750 美元[1]。

如果人们愿意花这么大价钱来寻求这类咨询，那一定是有什么原因吧？

几乎没有疑问，大多数通灵术士的确是诚实的。他们真的相信自己有特异功能。但是，能否为他们看似怪异和超自然的能力提供一个更平实的解释呢？

如果你拜访一位通灵术士，对话可能是这样的：

---

[1] https://www.businessinsider.com/professionals-turn-topsychics-in-uncertain-economy-2013–11？ r=US&IR=T.

术士：我要取一个以"G"开头的名字。乔治（George），格雷厄姆（Graham），加里（Gary）……

顾客：加里！我的叔叔加里去年去世了。

术士（指着胸口）：我感觉这里很不舒服。

顾客：你说得对！加里就是死于心脏病发作。

术士：你家里有一盒未分类的照片吗？

顾客：是的！

术士：加里说，你和你丈夫把那些照片分门别类整理好，这很重要的。

顾客：呃，我丈夫死了。

术士：是的，我知道。但加里说，当你整理照片时，你的丈夫会在精神上与你同在。对了，斑比（Bambi）对你有什么意义吗？

客户：你说那只鹿？是的，我喜欢杯杯香汽酒。这是我最喜欢的饮料，标签上还有一只小鹿！你怎么知道的？

几乎可以预测这位客户接下来会告诉她的朋友们，这位通灵术士有多神，他知道她的加里叔叔去年因为心脏病去世了，他还知道她们家有一盒需要分类的照片，甚至知道她最喜欢的饮料是杯杯香。她的朋友们听了一定会表示惊叹。

但这位通灵术士到底有多神呢？事实上，这种典型的通灵读心术，采用了一种众所周知的技巧，叫作"冷读"（cold reading）。冷读可以给人留下一种无所不知的印象，而实际上他什么都不知道。冷读包含了一系列技巧。

第一个技巧是使用巴纳姆陈述，游艺制作人巴纳姆（P.
T.Barnum）曾说，他的节目"对每个人都有好处"。同样，巴纳姆
陈述提供的那些东西大体是为所有人准备的，也就是说，这些陈
述实际上适用于大多数人，或者至少是很多人。但我们常常会认
为，这是专门针对我个人的解读。典型的例子诸如：

> 某某死于胸部不适。
>
> 你家里有一盒未分类的照片。
>
> 你有时会没有安全感，尤其是和你不太了解的人在一起。
>
> 有时你会严重怀疑自己是否做了正确的决定、是否做了
> 正确的事。

我们大多数人都会同意这些说法。因此，在上文的那个例子中，
我们的通灵术士能靠头两条表述成功"收割"粉丝，也就不足为奇了。

第二种常见的冷读技巧是散弹射击。这就是为什么那些模棱两
可的声明，至少有一个有望命中。例如，几乎每个人都认识一个名
字以"g"开头的人。几乎每个人——尤其是老年人——都至少认
识一个乔治、格雷厄姆或加里。也就是说，通灵术士并不知道客户
有个叔叔叫加里，这实际上是客户自己提供的信息。散弹射击法在
拥有大量观众的情况下尤其有效。即便通灵术士做出了非常具体的
声明，例如"一位中年妇女驾驶的深蓝色汽车发生了事故，这里有
人知道吗？"这句话至少对某一位观众而言，确实有可能是真的。

第三，通灵术士依赖这样一个事实，即客户往往记住"命中"而忘记"失手"。事实上，例子中的通灵术士还提到了另外两个名字，但在他说中"加里"之前的那些内容都没能引起客户的注意。这些失误被客户忽略了，他们只关注更令人难忘的"命中"。还要注意的是，这位通灵术士如何巧妙地回避了客户丈夫已经去世的事实，他说，如果丈夫不能在整理照片时呈现于身体上的存在，他也会在精神上与之同在。所以通灵术士以为客户丈夫还活着的错误，很快就被抹去了。

此外，通灵术士还提到了"斑比"，但他没有展开细节。这个词有各种潜在的意义，特别是对熟悉迪士尼电影《小鹿斑比》（Bambi）的老观众来说，他们可能认识某个以斑比为昵称的人，或者在第一次和丈夫约会时看过这部电影，抑或是这部电影的粉丝，等等。总之，对于普通人来说，与斑比建立起联系，存在无穷无尽的可能。在这种情况下，客户与一只鹿建立了关系，然后略显牵强地将其与某种饮料搭上线，从而认定通灵术士对他的爱好，甚至是饮品的偏好都了若指掌。实际上，所有的信息难道不是客户自己提供的吗？当然，哪怕斑比对客户来说没有任何意义，通灵术士也可以迅速转移话题，将那次具体的"失手"很快从客户记忆中抹除。

最后，一个自封的通灵术士可以通过对一个人的观察，从中获得很多信息。利用这种技巧，一旦他发现客户戴着婚戒，他就一定会知道她已经结婚了。

大多数心理咨询过程中都充斥着这类问题和陈述，这并非巧合。如果一个通灵者依赖于散弹射击、巴纳姆陈述和其他冷读技巧，那么他们并没有表现出真正的通灵能力。关于他们如何实现"神机妙算"的解释,不仅不神秘,还显得稀松平常。当然,这并不是说大多数通灵术士都是居心不良的骗子,他们当中的相当一部分人确实相信自己有特异功能。

我曾有过一次让别人相信我拥有神奇读心术的亲身经历。我和几个家人表演了一个简单的读心术小把戏。这个恶作剧被伪装成猜下一张牌颜色的随机游戏。事实上,我事先已经和我的托儿约定,如果牌是黑的,我会说"OK",如果是红的,我会说"Right"。这个把戏被放在明面上,以至于没人注意到它的机关,他们都认为托儿可以读懂我的心思。随后,我在桌上测试了一些没提前串通过的人。令人惊讶的是,他们发现自己也能神奇地预测出卡片的颜色。他们对自己惊人的通灵能力越发兴奋。当我揭开谜底,告诉他们这根本就不是通灵,而是他们无意识地选择了我标记过的代码时,他们感到非常沮丧。这样看来,如果一个人凭空轻信自己拥有通灵能力,那他日用而不知地使用着冷读技巧,并有意识地引导他人相信自己是通灵术士,也就不足为奇了。

尽管如此,仍然有一些通灵者是彻头彻尾的骗子。有些人把"冷读"和"热读"结合起来。所谓"热读",会在活动开始之先就研究客户,例如某些通灵术士可能会通过谷歌来了解客户。一些通灵术士甚至会和其他同行分享客户的信息,以至于如果你告诉通灵术士一些事情,其他通灵术士或许也会奇迹般地知道。另外,许多客户也是由朋友介绍的,朋友可能已经将有关他的各种情况向通灵术士做过交代。通灵术士有时还会在节目开始之前,鼓励观众填写一张卡片,然后将卡片放入盒子或碗中,提供他们是谁、从哪里来、想听谁说话的信息。不那么讲究的通灵术士会利用这些信息来操纵他们的观众:"我收到了迈克的信息,他死于一场火灾。这对在座的某些人有意义吗?"不出所料,当观众中有人站起来说"是的",他们确实知道一个死于火灾的迈克,然后通灵术士就会奇迹般地知道观众的名字和家乡住处。一些假通灵术士、巫师和奇迹创造者甚至会使用无线电耳机来接收这类信息。信仰治疗师彼得·波波夫(Peter Popoff)是 20 世纪 80 年代一位非常成功的美国布道者,他在节目里常常通过耳机接收妻子伊丽莎白从后台发来的信息,而那些信息正是她从观众提交的卡片上获知的。当魔术师詹姆斯·兰迪(James Randi)和他的团队在波波夫的活动中进行无线电扫描时,波波夫被抓了个现行。

英国哲学家布罗德(C. D. Broad ,1887—1971)对超自然现象特别感兴趣,因为他认为如果这些超自然现象是真实的,那么它们就具有重要的哲学意义。例如,如果人们可以预见未来,这将意味着反向因果关系的发生(也就是说,未来将要发生的事情会对现在产生影响),事实上我们大多数人都认为这是不可能的。如果人们能与死者对话,那就意味着物理主义(认为只有物理世界是存在的)是错误的,因为人类可以继续独立于他们物质的、已死的身体而存在。简言之,如果能证明超自然现象是真实存在的,那将是哲学上的革命性发现。因此布罗德认为,以严谨、科学的方式来检验是否存在真正的超自然现象是很重要的。此后,人们做了许多关于超自然现象的实验。但迄今为止,几乎没有任何可信的科学证据表明有些人真的会通灵。

13. 我可以"不为什么，就是知道"一些事吗？

有时候，我们会被问起自己是怎么知道一件事的？我们或许会想回答，"看，我就是知道"。但这句话的真实意义是什么呢？有时候这样说仅仅是因为不想或者没时间跟对方罗列我们知道的所有证据。但其他时候，我们也会用这句话指代一些别的内容，比如这个例子：

> 玛丽：你是说你死去的艾伯特叔叔每天都来看你？
>
> 约翰：是的。他现在和我在一个房间里。我能感觉到他的存在。
>
> 玛丽：但也许你是在想象？你有什么证据证明艾伯特叔叔从阴间来看你？
>
> 约翰：我没有也不需要证据。我就是知道！

这就是一个人反复声称自己"就是知道"的例子，尽管他没有掌握任何有力的证据去支持他的信念。

约翰相信死后的人仍会来探望他，这种想法可能完全无害。尽管如此，有时候我们"就是知道"的某些事情会产生严重的后果。

在伊拉克战争期间，乔治·布什（George Bush）总统经常忽视军事和政治专家提供的证据。相反，布什选择由所谓的"直觉"行事。总统认为他的直觉功能是一种上帝的感知，使他通过"本能"就能知道上帝想让他做什么。布什"就是知道"要和伊拉克开战，因为他认为这是上帝的意思。当然，如此行事的后果何其严重。

人们可能会声称自己"就是知道"一些事情，因为他们认为自己有某种灵识或者神识。还有一些人声称自己的"就是知道"源于某种通灵感应，可以用于预测未来。这种说法有问题吗？难道我们中的一些人真的不会拥有如此非凡的感应吗？

布什总统的这一态度或许会吓坏数学家和哲学家克利福德（W. K. Clifford, 1845—1879）。克利福德曾说：

> ……在没有足够证据的情况下相信任何事情，这无论在何时何地都是错误的。[1]

这话有道理吗？事实上，也有一些哲学家认为，在没有证据

---

[1] "信仰伦理学"，参见克利福德《信仰伦理学及其他论文》（*The Ethics of Belief and Other Essays*），纽约艾摩斯特，普罗米修斯出版社（*Prometheus Books*），1999 年。

甚至情况与现有证据相悖时"就是知道"，或许也是有可能的。

　　克利福德关于信念总是需要证据支撑的观点，存在一个问题，那就是：为了验证你的第一个信念——我们姑且叫它信念 A——你大概又需要相信那个支持它的证据也是存在的。按照克利福德的理论，以此类推，第二种信念也需要一个证据。为此，你又要相信另一个证据的存在，然后你依然需要新的证据来支持这一观点……

　　你现在可以看到，克利福德要求每一种信仰都要有证据支持，这似乎产生了一种无穷倒退。为了确证哪怕一个信念，我需要证明无数个信念是正确的。然而，这不可能。所以结果似乎是，如果克利福德是对的，那么相信任何事情就都是错的，其中包括相信克利福德理论的正确性。这何其荒谬！因此，许多人得出结论，克利福德一定是弄错了。

　　由此看来，如果我们能够对任何事物产生认识，那么克利福德的要求就必须放宽。在某些情况下，尽管缺乏证据，我们仍有理由相信。

　　事实上，一些哲学家认为，人们可以在没有证据的情况下了解事物。我们可以大大方方地说，"我就是知道"。

　　例如，根据一种被称为可靠主义的重要理论，比如说，为了认识眼前这张桌子上的橘子，你只需要拥有可靠的感官功能。如果你的眼睛运转正常，那么你眼见为实得出的信念就不会轻易出错。所以正是因为你看到了橙子，你具有知道那里存在一个橙子的能力，你就完全可以确信桌子上确实有一个橙子。你不需要任何证据来证明橙子的存在，至少不需要依据其他你确信的事来推断那里有一个橙子。只要那里有橙子，而且这个信念是由可靠的感官功能产生的，你就可以大胆确信橙子的存在。

如果的确如此，那么或许我们中的一些人不仅拥有可靠的眼睛，还有可靠的神识功能、灵识功能，或者是通灵的感官……我们"就是知道"上帝要我们入侵另一个国家，我们就是知道死去的亲戚还在房间里，我们不需要证据!

你不仅可能"就是知道"上帝想让你做什么，或者你死去的叔叔在房间里与你同在，你还可能有理有据地对这些事深信不疑。我们认为许多信念是合理的，只要它们看起来是正确的。如果我透过窗外看到一辆公交车在那儿，对我而言就有理由相信那里的确有辆公交车，尤其在没有任何理由怀疑我的眼睛正在以某种方式欺骗我时。

事实上，即使我获得一些有力的证据证明那里没有公交车，我难道就不能确信那里的确有公交车吗? 例如，假设我刚刚听到一档非常可靠的广播节目报道说，由于罢工，今天根本就没有公交车。尽管有强大的证据说明今天街上不会有公交车，这难道就足以妨碍我仍然能够确定外面确实有一辆公交车?

所以一般来说，我们有理由相信事物呈现出的表象就是事物的本来面目。那么如果有人确实认为上帝存在，或者死去的叔叔和他们在同一个房间里，那么对他们自己而言相信这些事情同样也是合理的。

总而言之，有些哲学家原则上同意，人们可以确信并获知上帝存在且上帝想让他们发动一场战争，或者他们死去的亲人正在造访，哪怕没有任何证据支持他的信念。我也很赞同这种观点。

那么，我是否相信我们中的一些人真的有一个可靠的神识或可靠的通灵之感？不，我不相信。我认为这种超能力从理论上是可能的，但实际上已经有很多有力证据反驳这些额外官能的存在。

比如神识。许多人声称他们通过神识，或者是法国神学家约翰·加尔文（John Calvin，1509—1564）所说的"神圣感应"，体验到神的存在。然而，神到底什么样，他们在这一问题上存在很大分歧。有些人感觉只存在一个上帝，另一些人主张有许多神；有些人觉得很可怕，有些人认为很可爱。有些人，比如乔治·布什，就感知到一个希望美国入侵伊拉克的神，而另一些人则感知到了一个热爱和平、拒绝暴力的神；有些人说，上帝告诉他们钱是上帝恩惠的象征，有人则说上帝不让财主进天国；有人说上帝已经向他们显明，耶稣就是上帝，也有人表示上帝否认这一点。简言之，我们所认为的对上帝的感知常常是完全矛盾的。但可以确定，人们所持的相当一部分信念都是错误的。

我们还知道，人类很容易误以为他们经历过一些不寻常的隐秘存在，如鬼、死去的祖先、精气、精灵、侏儒、地精、仙女、天使、恶魔和外星人……但许多这样的经验已经被揭穿了，比如其中一些已经被确凿证明是幻想或暗示力量的产物。所以，对于那种认为我们很容易倾向于相信自己经历过非比寻常的超自然存在（尽管我们并不这样）的观点，难道不应该对他人根据此类经验而获得的信念，以及我们自己的信念有所怀疑吗？

14. 我的人生有意义吗?

有时候，当我们后退一步回望人生时，我们会自问：我做的一切有何意义呢？我的生命有任何意义吗？

这是一个奇怪的问题。通常，如果有人问起蘑菇存在的意义、天空的意义或者牛奶冻的意义？我们抓破头皮也想不清，"你到底是什么意思？"通常我们会这样回答，"牛奶冻没有任何意义"。

当然，如果询问的是一个单词、一本书、一部电影或者事物的象征意义，这个问题倒还说得通。"牛奶冻"这个词汇有它本身的意义。追究"夜晚红色天空"的意义也说得过去，也许我们想问的是"红色的天空象征着什么"或者"红色的天空预示着什么天气"。但如果我们问的是："我的人生，或者人类的生命有什么意义？"这时，我们并没有把人类的生命当作"牛奶冻"那样的存在，我们所问的实际上是一种象征意义或是符号意义。

事实上，这并不是说我们的人生没有意义，尤其是没有那种象征或符号的意义。其实任何事物都有这类意义。比如我可能会在门外的花盆里放一个蘑菇，作为告诉别人我在家的信号。在这样一种特殊情境下，那个蘑菇也是有意义的。尽管不太相似，但同样可以想象，人的生命也可以被用作一种信号。例如，路过的外星人可能在地球上播下生命的种子，起到宇宙路标的功能，以此告诉外星飞船："在下一个太阳系左转。"在这个意义上，地球上的生命就有了意义。不过，我怀疑是否真的会有人认为这个发现揭示了人类生命的意义。毕竟，当我们问生命的意义是什么时，被外星人当路标可不是我们感兴趣的那种意义。

当我们讨论人生的意义时，一个相关的问题经常相伴出现，那就是：生命的目的是什么？它为何而存在？你的生命究竟是为了什么？如果你的生命确实有某种目的，它有意义吗？

也不一定。事实上，你的生活的确有目的。所有生物都为了生存和繁殖而进化，这就是它们的目的，至少从进化的视角看是这样的。但作为智人的一员，如果我们存在的意义也仅仅是在地球上存活足够长的时间以便成功繁衍、生生不息，这似乎并不能赋予我的人生以独特的意义。毕竟，这意味着我和鼻涕虫的生存目的没什么区别。

但也许我们一开始就定错了方向呢？如果那些教士是对的，人类被创造出来就是为了爱上帝，那会如何？爱上帝是宇宙的目的。如果人类创生的目的就在于此，这会使我们的生命有意义吗？

似乎也很难令人满意。假设一个儿子发现他的母亲渴望得到孩子的爱，而生孩子仅仅是为了满足这种渴望。这样的发现不太可能让儿子觉得自己的生活有意义。如果发现他被创造出来只是为了满足他母亲的私欲，他仅仅是实现这一目的的手段，这可能会让他觉得生命远没有他想象的那么有意义。的确，为了某种目的而创造人类，难道不是一件相当贬低身份、有辱人格的事情吗？

因此，人生有意义并不一定体现于它存在目的。当我们询问人生的意义时，我们也不是在询问人生某种类似"牛奶冻"那样的象征意、符号意。那么当我们问这个问题时，问的到底是什么呢？

事实上，无论是信教的人还是不信教的人，在面对哪种人生有意义这一问题时，基本都倾向于相似的答案。我们大多数人会想到像爱因斯坦（Einstein）、罗尔德·阿蒙森（Roald Amundsen）、玛丽·希科尔（Mary seacole）、莫扎特（Mozart）、阿达·洛芙莱斯（Ada Lovelace）[1]和居里夫人（Marie Curie），他们都有一个美好而有意义的人生。有意义的人生不一定是幸福的人生，它甚至不需要在实现人生目标上获得成功。众所周知，探险南极的斯科特（Scott）最终没能到达南极点，他因为自己的尝试而出名。此外，有意义的人生也不必然需要品行端正。我甚至可以说某些风流成性的吸毒者也过着有意义的生活，只要他们的人生计划（比如创作音乐）没有彻底走上邪路。另外，那些把生命都奉献给大屠杀的人，无论他们多么巧妙和成功地实施了那些可怕的计划，他们的生命都注定没有任何意义。

当看到有意义的人生时，我们似乎能够识别出来。在某种意

---

[1]　罗尔德·阿蒙森，挪威探险家；玛丽·希科尔，黑人女英雄；阿达·洛芙莱斯，计算机程序创始人。——译者注

义上，我们似乎已经知道是什么把人生标记为有意义的。困难在于准确地确定有意义的人生需要什么，实现的秘诀何在？

在探寻人生意义的过程中，我们难道不是在探寻一个有且只有有意义生命才必然具备的特征，或者说使其成为有意义的唯一特征吗？但为什么全部有意义的人生都必须拥有一个共同且单一的特征呢？

奥地利哲学家路德维希·维特根斯坦（Ludwig Wittgenstein, 1889—1951）最有名的洞见，就是他所说的"家族相似性概念"。如果你观察不同家庭成员的脸，你可能会注意到他们彼此很相似，他们有的都长着大鼻子，其他的有蓝眼睛或波浪般的卷发。尽管家庭成员之间的相似之处存在不少重叠，但他们未必有一个共同的面部特征，比如全家都有大鼻子。维特根斯坦认为有些概念，比如游戏的概念，就是家族相似性概念。维特根斯坦问，所有游戏的共同点是什么？有些具有竞争性，有些没有；有些涉及球，有些不涉及；有些是团队游戏，有些不是。维特根斯坦再次指出，所有游戏并没有一个共同的特点。当我们研究羽毛球、西洋双陆棋、足球、单人纸牌游戏和国际象棋时，我们发现它们并不包含一个共同的特征，而是一系列重叠的相似点。但哪怕没有这种单一的"公约数"，游戏的概念仍然是合理有用的。

所以，也许在寻找赋予人生意义的那个特征时，我们是在白费力气。我们可能发现不了那种有意义人生都具有的单一特征，而只会看到一系列重叠的相似性。

在这种情况下，询问人生的意义可能会陷入一种令人困惑的症状：假设一定有某个隐藏的、本质的、根本的特征使人生有意义，前提是我们能确定它是什么。当我们找不到这个特征时，可能会得出的结论是：为我们生命赋予意义的东西必须是隐藏的，甚至是神奇的、超凡的。然而事实可能是，让人生有意义的东西根本就不处于隐藏状态，它就在我们世俗生活的结构中。只不过，它并非一个单一的内容。

再说说关于生命意义的最后一点想法：有时人们认为，如果人生缺乏意义，那么最终什么都不重要。无论我们是死是活，我们如何度过此生，最终，这些都不重要。从宇宙的角度看，它完全没有意义。然而请注意，如果最终什么都不重要，那么，"最终""什么都不重要"这件事本身也不重要！

可是，即使最终什么都无所谓。对我们而言，那些事情本身可能仍令人牵肠挂肚。

15. 为什么从来没有人约我出去？

　　为什么没人跟我约会？为什么别人不喜欢我？是我没有吸引力？我到底出了什么问题？这是我们容易产生的一些想法，尤其在年轻时，被恋爱中的男女灌了一嘴狗粮后，这么想很正常。我自己当然也有过这样的想法。

　　就我个人而言，在学校的时候也一度很希望有人邀请我出去约会，可惜从来没有。当然，我也没有约任何人出去。我的问题很常见：因为害怕。没有人愿意面对羞辱性的拒绝。因此，我想邀约的那些人，也从来没有收到过我的邀请。

　　你没被邀约的一个主要原因与你无关，而与他人有关——因为他们也不敢问。不过，这个问题的解决方案掌握在你手中。为什么你预设一定是他们问你呢？你为什么不能约他们？你可以的！

　　我们给彼此的一个比较俗气的哲学建议是：及时行乐，把握今天！这句话是古罗马诗人贺拉斯（Horace）在 2000 多年前首次说出来的，后来它被用在各种奇怪的场合，比如女演员朱迪·丹奇（Judi Dench.）夫人的手腕上，丹奇在她 81 岁生日时把"及时行乐"文在了身上。我们也会说：Yolo!（you only live once，你只有一次生命），以此鼓励别人勇敢地去冒险。当然，不要忘了耐克广告牌上写着的：尽管去做。

这或许是老生常谈，但"把握今天"有时的确是你应做之事。不过，在不完全了解风险的情况下鼓励人们把握今天、勇于冒险，基本都是馊主意。比如，这句话会诱使年轻人做出一些愚蠢的冒险行为，比如潜入不透明的陌生水域。但在其他时候，当风险系数是已知数时，放手一搏的确是个不错的建议。话说回来，尽管预期或许很可怕，但邀请别人约会也没什么坏结果，最糟糕的情况无非就是被拒绝了。有坏的一面，就有好的一面。你可能会因被发好人卡而出名。即使他们拒绝了你的邀约，你表露出的好感也可以满足他们的虚荣心。

法国存在主义哲学家也有一些相关的建议。例如，让 - 保罗·萨特（Jean-Paul Sartre，1905 — 1980）认为，从根本上说，我们都是自由的生物，能够选择自己的生活方式。然而，我们对于自由选择及其随之而来的责任总是深感不安。因此，我们假装自己没有选择，只是按规定去扮演一个角色。萨特鼓励人们看清自己的社会角色，诸如母亲、女人、厨师、服务员、牧师等，但这些角色不应框定我们的人生。虽然我们可能会告诉自己，"这就是我——一个服务员，拿订单和送食物就是我的使命"。但事实是，我们的人生并不是被这些角色定义好的，在任何时刻，我们都可以打破生活的条条框框，挖掘自己更真实的存在。萨特称，所谓社会角色扮演的目的，是用自欺遮蔽住我们的自由。

　　女权主义哲学家西蒙娜·德·波伏娃（Simone de Beauvoir，1908—1986）将这种"自欺"的思想运用到女性身上，她认为女性通过扮演传统上由男性分配给她们的那些角色来蒙骗自己。所以，当一个女人问自己"为什么没有人约我出去？"她是不是在假设，作为一个女人，她只应该静候事情发生，而不是主导事情发生？难道她认为"等待约会"是分配给她的角色，她必须接受这种设定吗？如果确实如此，波伏娃等女权主义哲学家会鼓励这些提出问题的女性去拥抱自由，活出一个更真实的存在，而不是消极接受传统所安排的角色。

16. 什么是"屁话"？

从政治、互联网，到营销、公共关系，屁话无处不在，你无法避免它。詹姆斯·鲍尔（James Ball）的《后真相：屁话如何征服世界》（*Post-Truth: How Bullshit Conquered the World*）和埃文·戴维斯（Evan Davis）的《后真相：为什么屁话已经到达顶峰，我们能做些什么》（*Post-Truth: Why We Have Reached Peak Bullshit and What We Can Do About It*）等书都警告说，我们正在进入一个新的"后真相"时代，在这个时代，屁话占主导。

屁话是什么？根据美国哲学家哈利·法兰克福（Harry Frankfurt）的观点，瞎扯淡的人并不在乎他们所说的是真是假。这并不是说他们是骗子，因为骗子通常知道真相并故意试图说服你相信他们的谎言。而且骗子为了达到效果，不惜说一些真假莫辨的话。

总统唐纳德·特朗普（Donald Trump）被指既是骗子，又是个瞎扯淡的人。马修·安科纳（Matthew d'Ancona）在他的书《后真相：有关真相的新一轮战争》（*Post Truth: The New War on Truth*）中给出了一个例子：特朗普在《特朗普：交易的艺术》（*Trump: The Art of the Deal*）一书中声称，在海湖庄园的特朗普海滩俱乐部，其中那些儿童房间的装饰瓷砖是迪士尼创始人沃特·迪士尼（Walt Disney）亲手制作的。但当特朗普的管家向他求证时，特朗普回答说："谁在乎？"

法兰克福认为瞎扯淡的人比骗子更坏。诚实的人和骗子至少都能清晰辨认出真假的区别，一个诚实的人会如实说出自己看到的真相，骗子则会故意说出自己理解的假话。可是扯淡的人就完全在另一个世界了：

> ……他们既不站在真理的一边，也不站在谬误的一边。扯淡者的眼睛根本就不像诚实者和撒谎者那样紧盯事实，除非事实和他想说的内容有关。他从不在乎自己所说的东西是否描述了真实情况。他只是把他需要的内容挑出来，或者编造出来，从而达到他的目的。[1]

扯淡者为何扯淡？通常来说都是出于个人目的，有时是为了赚钱。扯淡者可以通过自己的狗屁话进行商业交易、医疗问诊或者提供咨询服务，甚至会为自己刚刚胡编乱造的狗屁故事梗概收取额外的费用。同时，狗屁话往往也和身份相关。扯淡者经常假

---

[1] 哈利·法兰克福《论废话》（*On Bullshit*），最初写作于1986年，正式出版于2005年。

装有学问，以便巩固自己作为某个领域"砖家"的身份。比如，伪知识分子的晚宴嘉宾通常张口就是"笛卡儿曾经说过"，实际上他本人根本就没读过笛卡儿。特朗普有关"海湖公园装饰瓷砖"的屁话，就满足了这两个条件——一方面自吹自擂，另一方面夸大自己在佛罗里达资产的价值。

　　我们为什么要在乎屁话？一个显而易见的原因是：如果你听了那些废话，你可能会相信很多谎言，而这些谎言可能会伤害你。扯淡的无意识建议可能会让你驾驶一辆危险的、不可靠的汽车，他们的医疗建议可能会损害你的健康，他们的理财建议可能会让你倾家荡产。

　　法兰克福虽然指出了屁话的一个重要类型，但我觉得屁话的内涵还不止于此。根据法兰克福的说法，胡说八道的人根本不在乎他们说的是真是假。但事实总是如此吗？考虑一下风水、占星术、通灵力量、星体治疗、外星人绑架、反疫苗接种、怪异的宗教崇拜和平坦地球的信念……这些信仰体系通常被归为扯淡领域。然而，很明显，许多注册并推广这些网站的人往往对自己口中的真理非常在意。

　　有些人忍不住辩解说，这些奇怪理论的信徒其实是自欺欺人。法兰克福说得对，这些狗屁理论的奠基人根本不关心什么是真、什么是假，不过是随着性子去说去做。但在一些例子里，我也发现了一些耸人听闻的现象，给我造成了很大触动。尤其是当我注意到，某些真正的信徒有时候会赌上自己的生命甚至是自己孩子的生命来证明他们所支持的理论。

想想那些自杀的教徒，比如以牧师自封的吉姆·琼斯（Jim Jones）的追随者。吉姆·琼斯所在的社区有900多名信徒（包括304名儿童）在圭亚那丛林中的琼斯镇集体自杀。吉姆·琼斯的宗教崇拜肯定是一种扯淡的信仰体系，可是却有那么多忠诚信徒将其奉为圭臬并为之而死。

再看看反疫苗接种人群：无论是小儿麻痹症、麻疹，还是伤寒和其他疾病，那些人反对包括他们自己孩子在内的所有人接种疫苗。他们准备把自己孩子的生命押在反对疫苗的信仰上。在我看来，各种各样被我们骂作屁话的例子及其怪力乱神或伪科学的信仰体系，都在以最典型、最完整的方式揭示"屁话"这个词。尽管他们的追随者同样非常关心这个信念是否正确，并且愿意为这个真理赌上身家性命乃至一切。

辨识屁话也是一项重要技能，关键时刻甚至可以救命。但是如何才能练就一双发现屁话的慧眼呢？

想发觉别人在扯淡，关键是要对真实的事情保持敏锐的嗅觉。这就需要培养良好的理性思维习惯及技巧，这样你就不会全盘相信别人给你灌输的信息了，甚至能对那些屁话发出一两个灵魂拷问："你怎么知道这是真的？""有什么证据吗？"除此之外，这项技能还包含了对世界如何运转的认知，比如政治、社会、科学方面的常识，这样你才能清晰看出扯淡者的言论荒谬绝伦。

辨别屁话也需要培养对某些角色的敏感嗅觉。我认为有三种角色需要留神。首先是利己主义者，法兰克福提到的扯淡者会自我膨胀，会说任何可以提升他们地位的话，不管这些话是真是假。

第二种是黄鼠狼式的人,与法兰克福所说的那种人不同,他们为了把你的钱从腰包中掏出来,什么话都敢说。第三种是真正的信徒,真正的信徒可能是完全慷慨和真诚的,他们坚信自己所信和所说的都是真的。不过他们很容易上当受骗。他们是假信仰体系的受害者,这些信仰使他成为智力上的囚徒。当你能在一定距离之外就认出利己主义者、"黄鼠狼"和真正的信徒时,你对屁话的免疫力已经大大提升了。

17. 有些阴谋论是真的吗？

　　许多人认为飞机上的冷凝痕迹实际上是由政府秘密计划制造的化学羽状物——"化学尾翼"。令人惊讶的是，还有很多人认为登月是美国国家航空航天局和美国政府伪造的。也有许多人认为，"9·11"事件中双子塔被毁是美国政府密谋拆除的"内部工作"。其他备受欢迎的阴谋论，还有康涅狄格州桑迪胡克小学2012年大屠杀，美国假意推进枪支管制，制药行业掩盖了（部分）疫苗导致自闭症的事实，外星飞船坠毁在罗斯威尔并被保存在一个叫作51区的地方，肯尼迪遇刺是一个涉及多名枪手的阴谋……

　　为什么我们会被阴谋论吸引？研究指出了相互关联的3个方面：首先，我们想了解世界是如何运转的。阴谋论为我们提供了一种解释事件的通俗叙事：强大的秘密策划者正在精心筹备这些事件。第二，我们想要安全感和掌控感。阴谋论为我们提供了一个夺回掌控的极简方法：我们必须推翻那些强大的秘密策划者。第三，阴谋论优化了我们的自我形象：不像那些贫穷、容易被蒙蔽的吃瓜群众, 作为一个阴谋论者, 你进入一个由志趣相投的专业人士构成的世界, 只有你们才能看到事情的真相。

当人们把一种信念称为"阴谋论", 通常意味着对其不屑一顾。阴谋论者往往被认为是偏执狂和精神错乱的人。尽管这些阴谋论貌似很受欢迎, 但人们普遍认为它们是无稽之谈。

"阴谋论"一词有多种用法。从字面意思上看, 一些人使用"阴谋论"这个词, 要么是指这种说法错误, 要么至少没有得到充分的证据支持。任何一种理论但凡能被证明是正确的, 它就不会被称为阴谋论。有些人甚至以严格的方式使用这个词, 在他们看来, 只有无比怪诞的理论才有资格算是阴谋论。

不过, 包括我在内的其他人, 认为某种说法究竟是否属于阴谋论取决于它的内容, 而不是看其合理还是荒谬。所谓的阴谋论, 在我看来是一种假设重大阴谋的理论, 即由某些有影响力的机构和组织策划的秘密阴谋, 旨在做一些非法、有害或至少是让人不悦的事情, 不管这个理论是否正确或是否得到充分支持。所以, 当我使用这个术语的时候, 阴谋论可以是合理和真实的 (尽管大多数的确不是)。

的确, 阴谋论有时会被证实。例如, "水门事件"是美国共和党 (包括尼克松总统) 内部的一个秘密阴谋, 目的是在民主党的办公室搞窃听, 事件败露后他们还试图加以掩盖。这个刺激的故事成为电影《总统班底》(*All The President's Men*) 的中心事件。的确, 这个阴谋论是真的。此外, 伊朗门事件是里根政府高级官员的一个秘密阴谋, 尽管是非法的, 他们仍向伊朗出售武器并利用这些利润为尼加拉瓜的右翼反政府武装提供资金。这个阴谋论也被证明确有其事。

当然了,许多阴谋论都是假的、毫无根据的。事实上,只要一点点常识就能看出这些阴谋论不太可能真实。

以所谓"9·11"事件是内部作案的阴谋论为例,支撑这一论调的主要证据就是整个事件的很多特征无法用常理解释,比如双子塔被飞机撞击后直挺挺地倒下来,如同定点拆除似的。现在想来,如果这个阴谋论是真的,成本得有多大,计划得有多复杂。成千上万的人参与其中,其中包括在塔内放置爆炸物并掩人耳目的小组、自杀的飞行员(他们为什么要这样做?)。如果飞机是被远距离遥控的,还需要地面包括机场在内的各种团队来配合。如此费尽心机的惊天阴谋,因为疏忽或有人泄密而被揭露的概率很大。如果"9·11"事件的目的是令发动伊拉克和阿富汗战争合法化,那么沙特为什么要派飞机?最令人不解的是,为什么要选择这样一种极其冒险又煞费苦心的方法来证明发动战争的正当性,若想获得同样的结果,比这更简单、更安全的方法多得是。如果"9·11"事件真是内部人员所为,或许真的需要在花园底部的仙女了。可实际上,所有的证据都与这个阴谋论背道而驰。

然而,尽管"9·11"事件不太可能是内部人员所为,但所谓的假旗行动并不完全是虚构的。假旗行动意指伪装成敌人对自己或盟友发动攻击。阴谋论者通常认为"9·11"事件是一次假旗行动:美国把对自己的攻击伪装成外国人发动的攻击。

有趣的是,美国军方过去确曾策划过类似的假旗攻击。20世纪 60 年代，美国参谋长联席会议批准了一项实施劫机和轰炸的阴谋，并设置了迷惑他人的烟幕弹，用以证明袭击是由卡斯特罗（Castro）所领导的古巴所发动的。众所周知，诺斯伍德行动就是为了证明美国入侵古巴、颠覆古巴政权是正当行为。这一阴谋袭击最终没有发生，但如果换了一位总统，发生与否尚未可知。

　　第二次世界大战也始于一次假旗行动。1939 年，在德国入侵波兰之前，身穿波兰军装的纳粹士兵和情报官员对德国目标发动攻击，被扔下的"波兰"死亡士兵实际上是纳粹集中营的受害者。这次袭击后来被希特勒用作入侵的辩护理由。

　　因此，阴谋论可能是真的，甚至有个别阴谋论已经被证实。但最重要的是，我们要控制自己"万事皆阴谋"的思维倾向，这种倾向在某些人身上显然已经完全失控了。当然，我们也不要忘记历史教训，阴谋毕竟偶尔也会得逞。

18. 为什么会有虔诚的善男信女？

　　为什么人们会有宗教信仰？去问一个虔诚的人为何信教，他可能会回答："与我相信地球是圆的、水是湿的同理，因为我的宗教信仰既是合理的又是正确的。"这很公平：如果一个宗教是正确的，人们就有足够理由相信它是正确的，这近乎完美地解释了人们为什么会信教。

　　但如果我坚信我所信仰的宗教是唯一正确的宗教呢？那该如何解释人们拥有各种各样的宗教信仰呢？他们各自所主张的总不能都是正确的吧？看来我们需要一些其他的解释。

　　那些对宗教信仰持怀疑态度的人常常坚称，一厢情愿是所有宗教信仰的基础。的确，人们极度希望自己信仰的宗教是正确的。宗教信仰能帮助我们应对恐惧，尤其是我们对死亡的恐惧，这是对信仰的一种最常见解释，以下是英国哲学家罗素（Bertrand Russell，1872—1970）关于宗教的论述：

　　我认为，宗教首先并主要是建立在恐惧之上的。一方面是对未知的恐惧，另一方面，就像我说过的，是一种希望，类似于有一个可以在遇到任何困难和纷扰时都能站在你一边的兄长般的感觉。恐惧是构建这一切的基础——对神秘的恐惧，对失败的恐惧，对死亡的恐惧。

　　其他对宗教信仰持怀疑态度的人提供了进一步的解释。理查德·道金斯（Richard Dawkins）是一位科学家，也是世界上最著名的无神论者之一，他认为宗教实际上是心灵的病毒[1]。

　　想想计算机病毒，它一旦被安装到电脑上，就开始复制、把自己的副本发送出去从而感染新的电脑。道金斯认为，宗教信仰也以类似的方式传播。宗教能够广泛流行，不是因为它们有合乎科学的可信信念，是理性的、是经过充分检验的，而是因为它们彰显着"传播我"的编码指令。于是，被宗教信仰"病毒"感染的人通常会用同样的信仰感染其他人[2]。

　　道金斯还指出了电脑病毒和宗教信仰之间的其他相似之处。他认为，就像电脑病毒常常会使杀毒软件失效一样，宗教信仰也往往有能力让任何可能使它们失效的东西，比如科学思考和批判性审查不再有得以发挥拳脚的空间。举例而言，道金斯认为，宗

---

［1］　伯特兰·罗素《恐惧——宗教的基础》（"Fear, the Foundation of Religion"），出自《我为什么不是基督徒及其他论文》（*Why I am Not a Christian, And Other Essays*），纽约，塔奇斯通出版社（Touchstone），1967 年，第 22 页（1957 年首印于英国）。
［2］　参见理查德·道金斯《心灵的病毒》（"Viruses of the Mind"），出自《魔鬼牧师》（*A Devil's Chaplain*），波士顿，霍顿·米夫林出版公司（*Houghton Mifflin*），2004 年。

教常常把信仰当作一种美德，以此说明哪怕缺乏足够的证据甚至与证据相龃龉，信徒也要坚定不移地选择信仰。

电脑病毒很糟糕。在把宗教比作电脑病毒时，道金斯显然是在暗示宗教也很糟糕。但宗教是否给个人和社群带来了好处？这些好处难道不能解释人们为什么相信它吗？

根据一些研究，不管宗教信仰是否正确，它至少倾向于让我们更快乐、更健康[1]。宗教还可以成为一种强大的社会黏合剂。那些信仰同一宗教的社区往往联系更紧密。也有证据表明，积极信教的人往往会有更多的孩子。考虑到与所在社区信仰相同确实可能使我们受益（至少在提高我们生存和繁衍的机会方面），难道我们不应该进化成有宗教信仰的人吗？

对宗教信仰的另一类有趣的解释是，宗教是某些认知机制的副产品，而我们进化出这些认知机制是出于其他原因。这些解释中最有趣的莫过于认为我们身上自带一种超敏感动因检测装置（HADD）。根据一些进化心理学家的说法，人类在进化过程中对自己所表现出来的信念、欲望等动因过于敏感。了解其他动因的存在对我们当然大有好处，这些动因可能是帮助我们的朋友，也可能是伤害我们的敌人，它们甚至可以成为吃掉我们的食肉动物，比如老虎。

---

[1]　皮尤研究中心近来做了一些调查，参见 https://www.pewforum.org/2019/01/31/religionsrelationship-to-happiness-civic-engagement-and-healtharound-the-world/ 。2010年的一份研究表明，参加宗教仪式而构建起的社交网络，有助于增加幸福感。参见林蔡胤（Chaeyoon Lim）和罗伯特·普特南（Robert D. Putnam）《宗教，社交网络和生活满意度》（"Religion, Social Networks, and Life Satisfaction"），见于《美国社会学评论》（American Sociological Review），2010 年，75：914。

　　因此,对其他动因检测不足很可能要付出巨大的代价。另外,过度检测其他动因,亦即相信动因存在而实际上它们不存在的代价则要低得多。因此在进化过程中,我们特别倾向于在过度检测的那条歧路上越走越远。于是当其他动因显现时,我们很容易产生一些误报的信念。根据一些人的观点,这至少部分解释了为什么我们人类如此倾向于相信看不见的东西,比如鬼魂、死去的祖先、精气、天使、魔鬼,甚至是神。

　　例如,假设你在黑暗中独自走回家时听到灌木丛中发出沙沙声。首先不由自主冒出来的想法可能是:"有人在那儿!"这时你的动因检测装置开启了。如果你查看了灌木丛但没有发现任何人,你可能仍然会怀疑这里存在某种目前还看不见的动因。所以,相信那些不可见的动因是我们拥有动因检测装置的一个自然而然的副产品。如此看来,信神也只是对不可见动因产生信仰的一个例证罢了[1]。

　　假设某一个关于宗教信仰的科学解释被证明是正确的,那么就备受关注的宗教信仰的真理性问题而言,它又能说明什么?科学能有效地解释宗教信仰吗?我们最终会揭示宗教是一派胡言吗?

　　事实上,科学已经解释了为什么我们相信某些东西,但这一事实并不能证明我们的信仰是错误的。也许科学可以通过声波在

---

[1]　心理学教授贾斯汀·巴雷特(Justin Barrett)创造了首字母缩写词"HADD",用以阐释其假设。具体细节见氏著《为什么有人信上帝?》(*Why Would Anyone Believe in God?*),加利福尼亚州核桃溪,阿尔塔米拉出版社(*AltaMira Press*),2004年。

空气中的传播、声波作用于我的鼓膜以及由此产生神经刺激等理论，来解释为什么我相信自己能听到管弦乐队的演奏。但这种解释的正确性并不能说明我时下没在听管弦乐队的演奏，也不能显示我被那里的管弦乐队所欺骗。那么，为什么对宗教信仰的正确的科学解释就应该去揭示宗教信仰是一种妄言呢？

　　不过，这种科学解释对宗教信仰的威胁到底有多大，仍是一个有争议的问题。

19. 为什么别人不喜欢我?

你认为大家不喜欢你? 其实, 他们不会不喜欢你。只不过他们还没注意到你。在学校的教室里, 只有少数人会因为自信而脱颖而出, 那些害羞的人虽然谈不上被人深恶痛绝, 但他们常常会感觉孤独、被忽视, 就好像他们不存在似的。

然而, 在我们人生中, 难免会有人不喜欢我们。但那不一定是我们的错。我们的信仰、嫉妒和愤恨, 以及我们客观上成为他们获取所需的障碍, 这些原因都可能招致不喜欢。我们也该接受这样一个事实: 不是所有人都喜欢我们, 而且至少有一些人非常明确地讨厌我们。

但假如大多数人都喜欢你呢? 那只能说明你的人缘太好了。

古希腊哲学家苏格拉底 (Socrates, 前 470 — 前 399) 就很不被他的同胞们喜欢, 他们甚至最终投票处死了他。苏格拉底本人没有留下著作, 但他以一个真正的哲学家形象, 成为柏拉图对话里的人物。这些对话透露了苏格拉底感兴趣的问题, 例如, 勇气是什么？正义是什么？美是什么？知识是什么？他常常与他人对话，并向那些所谓的专家提问发难。

有一次，苏格拉底问雅典将军拉刻斯（Laches）什么是勇敢。面对拉刻斯的回答，苏格拉底不断举出反例。比如，拉刻斯一开始就将勇敢定义为在战场上坚守战位，但苏格拉底要求他下一个适用于所有生活场景的定义，而不仅仅针对士兵群体。毕竟，平民百姓也可以勇气十足。于是拉刻斯说勇敢是"灵魂的一种耐力"，它支撑着有勇气的人不断前行。苏格拉底随之又驳倒了拉刻斯的第二个定义，他指出，何必在任何情况下都坚持到底，撤退休息、改日再战，在某些时候也不失为明智之举。如果勇敢是一种德行，它不应该有勇无谋。漫无目的地决一死战只是一种莽撞。看起来苏格拉底再次证明拉刻斯说错了：勇气绝不只是一种耐力那么简单。

作为专家，当被告知你甚至都不能定义你的专业内容时，这无疑很尴尬。面对苏格拉底刨根问底式的问题和还击，拉刻斯一定很恼火。苏格拉底同样让很多有头面的人物感到尴尬和丢脸。事实上，有一个比喻很有名，那就是他把自己当作刺痛并叮咬马匹的一只牛虻。然而，正如马很快就想击打并杀死那只牛虻，最终，伟大的雅典也给了苏格拉底一记重拳。

苏格拉底并不想让人们讨厌他。他只是试图搞清楚勇敢、美和知识到底是什么，他最终往往会得出结论：包括自己以及那些所谓的专家都不知道问题的答案。由于坚持不懈地追寻这一崇高的事业，他树敌甚多。苏格拉底最终因为"败坏青年"等罪名被送上审判席,随之被判有罪并处以死刑。虽然有逃跑的机会,他仍然选择待在自己的牢房内,喝下给他的铁杉毒药,然后死去。通过柏拉图对话《申辩》(*Apology*)的讲述,苏格拉底在牢房与密友一同度过了自己人生中的最后几个小时。

即便是苏格拉底这样的高尚灵魂,仍然有很多人对他深恶痛绝,而且恰恰是因为这个高尚的灵魂正在从事有价值的工作。当然,苏格拉底不会孤身一人。面对原则拳拳服膺,为了正义奋勇而战,这种行为往往不受人欢迎。这种不受欢迎有时是危险的,甚至是致命的。由此看来,不被人喜欢倒可能是某种"荣誉勋章"。

即便如此,我们还是有理由不喜欢某些人。事实上,我们当中确实有一两个人不受人待见。但是如果你担心自己没人缘,并且因为缺乏人气就怀疑自己存在一些缺陷,那么思考以下内容或许会对你有所帮助,至少我认为这是一个明智的建议。

以自我为中心会让其他人很反感。如果你只对谈论自己有兴趣,和他人的对话都得围绕着你的兴趣、成就以及你做过的大事来展开,那么一旦你的"个人讲演"逐渐偏向于胡吹乱嗙,听众们就很可能会觉得你又烦人又乏味。事实上,人们都喜欢和那些真正对他人感兴趣的人交往。他们倾向于向他人提问,问问他们一直在做什么、他们做得怎么样。所以,让别人感觉更加快乐并且乐于与你交友的一个明显途径,就是保持对他人的兴趣。

对他人过分挑剔同样是一个减分项。尽可能直言不讳并没有错，但对他人冷嘲热讽往往最终会导致别人不乐于与你做朋友。你是那种让他人时时汗颜的人吗？如果是的话，你可得改改自己的习惯。让自己保持一种谈吐诚恳、称羡所遇之人的惯性，比如夸奖他人的造型、成就，等等。

抱怨会让人感觉不舒服。和朋友讨论自己遇到的问题是一件好事，但如果这就是我们聊天的全部话题，并且花费绝大多数时间用来抱怨，我们恐怕很难有下一次相处的机会了。

最让人心烦的，是那种在话说半截就不停打断我们的人。当别人在说话时不要插嘴，要去听，真正地倾听。不要摆出一副要倾听的姿态，然后再次开始喋喋不休于你自己的想法，而是接受别人所说的，并适时地参与其中。当别人讲完后，也莫要急不可耐地开始你的跑题自白。

自吹自擂也不太可能帮助你赢得人气比拼。不断谈你的新鞋、好工作、价值不菲的新车、迷人的宅邸、美妙的假期以及在贵族学校上学的超级成功的子女，只会让别人觉得自己不够出色，甚至很平庸。没人愿意和给自己带来类似观感的人泡在一起。

不要试图控制他人。如果确实能助人一臂之力，不妨尽可能地想办法为之提供建议。别介意多鼓励他人，在他们没留神的时候向他们指明机遇所在。但千万不要越过红线去发号施令。毕竟，没人愿意丧失个人的自主权并且成为他人的"投射"。人们都乐意和能给自己加油鼓劲、注入能量的人来往，同时避免与将自己当作"木偶"的人接触。

　　请注意，这些不受欢迎的特征有不少是相互关联的。自吹自擂与无休止地抱怨个人问题一样，显然是自我中心的表现形式。所有这些建议的核心思想都在于：被人喜欢在很大程度上需要你喜欢他人、对他人保持兴趣。注意，那些让你更受欢迎的东西，往往也会让别人更快乐。所以，无论对你自己还是对他们，听从这些建议都将大有裨益。

20. 诚实永远是上策吗?

黛西阿姨刚刚给了你一份生日礼物。可你一撕开纸包装，竟是一件奇丑无比的毛衣。黛西阿姨满怀期待地问：你喜欢这件礼物吗?

你会怎么说?

很多人会撒个谎："噢，多好看呀！我正需要这毛衣呢。"表现出这是一份很棒的礼物，方能让黛西阿姨安心。但这样做对吗?诚实永远是上策吗?

德国哲学家康德是这样认为的。如康德所见，道德以严格且毫无例外的道德律令为形式，诸如"不要偷盗""不要撒谎"。无论在何种境遇下，你都不能撒谎。假设有一个愠怒的斧头手走进你家并盘问你的家人在哪儿，依着康德的意思，哪怕撒谎是拯救他们的唯一方法，你都不应该说假话。大多数人都会得出结论说，这是一个荒唐的极端观点。

对于那件丑毛衣，康德的意见显然是：不要扯谎！事实上，不说谎并不意味着你必须直言不讳。相比撒个小谎,你或许可以通过一杯茶来转移黛西阿姨的注意力,抑或说"是来电话了吗",然后朝着门走去。尽管如此,黛西仍有可能猜出真相。所以,避免让她失望的唯一办法或许还是直截了当地撒个谎。从黛西的失落,到全家人在斧头手手中遭受灭顶之灾,或许都是不撒谎带来的不幸后果。但康德会说,不撒谎是你的义务,行为的后果在道德上永远是无关紧要的。

问题在于,几乎没人会认为我们所作所为的后果完全与道德无关。所以,康德的观点被我们大多数人弃之不用,同样也被以英国思想家约翰·斯图亚特·密尔(John Stuart Mill,1806—1873)为代表的"后果主义"哲学家拒斥。密尔认为,从道德上说,最重要的事情是我们行为的结果。是哪些结果呢?密尔的答案是:幸福的结果。从道德的视角看,正确的事就是不顾一切地促成幸福的结局。

利用这种特定的结果主义,亦即功利主义,你该如何处理黛西阿姨的礼物?你该不该撒谎呢?根据功利主义,你必须进行一番盘算。你应该考虑撒谎或者不撒谎的后果,根据你的计算,哪个办法有助实现幸福结局就选那个。假如你预测黛西阿姨听到关于毛衣的实话会抓狂,而你撒谎会让她与其他人更开心,那么你不妨撒个谎。这大体就是功利主义的简单模式。

然而,我们现在面临一个困难,盘算哪种行为会带来幸福结果的过程本身就足够棘手。如果你对黛西阿姨说了假话,她现在是高兴了,但她以后万一发现了真相,将变得更加沮丧。抑或她已经怀疑自己买了你不太喜欢的礼物，撒谎会使她深感痛苦。其实如果你实话实说，这一切都是可以避免的。而且如果你对她保持诚实，说不定现在都收到你真正喜欢的礼物了，同时不用为了撒谎而难受，这些难道不会使你更高兴吗。所以，要平衡所有的因素，真不是一件轻松的事。

功利主义也有批评者。假如欺骗最能让人感受到幸福，那么欺骗就是最好的选择了吗？美国哲学家罗伯特·诺齐克（Robert Nozick，1938—2002）想象了一个名为"体验机"的虚拟装置，当你按下按钮，它就能产生任何你喜欢的体验（我们之前在《为什么我不享受生活？》一章里考虑过这一装置的另一个版本，见第34页）。把这台机器想象成一个你可以完全沉浸其中的、被创造出来的虚拟矩阵世界。你能获得任何你想要的感觉与快乐：你可以吃最美味的食物，和你最心仪的人做爱，抑或听一场歌剧……只要你喜欢的都可以。我们假设你有权选择将那些深信不疑的人锁在机器中度过余生，假设他们会因此而欣喜若狂，我们也假设他们会将正在体验的东西信以为真。

所以，如果你将人囚在这台机器里，幸福感整体得到了提升。但这在道德上就是一件正确的事吗？当然不是。的确，人们是更快乐了，但生活恐怕还不只有快乐，难道不是吗！我们也需要有真实可信的体验，尤其是需要有货真价实而不是弄虚作假的成就。有人美滋滋地生活着，却被那些虚假的关系和并不存在的伙伴蒙在鼓里，登顶珠穆朗玛峰、抚养出两个漂亮孩子等最为自豪的成就都是谎言，无论他们是否意识到，他们一定错过了一些极为重要的事情。如果幸福只是被理解为"感觉好"的话,过真实的生活将成为大多数人远比幸福更珍视的东西。德国哲学家弗雷德里希·尼采(Friedrich Nietzsche,1844—1900)曾说:"人类不会为幸福而奋斗,只有英国人会。"这显然是在影射密尔这样的功利主义者。

　　当然,从道德上说,"感觉好"也并不是无关紧要。的确,所谓行为的结果与我们从道德上应该做什么完全无关,康德的这一观点很可能是错的。但我们确实该想想我们的所作所为将为他人的快乐与幸福带来什么影响。对我和许多人而言,当我们判断哪些事从道德上应当去做时,幸福并不是我们唯一该考虑的东西。在这种情况下,或许你终究会向黛西阿姨坦露真相?

21. 情人眼里真的出西施吗？

假设我正在欣赏一场无比壮观的日落，当最后一缕日光以非同寻常的方式照亮云层，呈现出令人赏心悦目的剪影，我为眼前这美丽的一切而迷醉。

现在请思考这个问题：美在何处？我想答案似乎很显然：美在日落中。难道日落不好看吗？但也有人反驳我："不，美不在日落中，而在欣赏者的眼睛里，在你之中。"

这究竟意味着什么？这种想法似乎是：尽管有的属性是"就在那儿"，它独立于我们和我们的心灵；别的属性则不是这样。日落有很多属性，比如它在特定时间出现、呈现出特定的形状……这些属性独立于任何观察者的心灵之外，它"就在那儿"。而美的性质不是"就在那儿"，它"内在于我"。

类似的观点也出现在声音上。假如森林里有棵树倒了，周遭没有人听到，那么树倒有声吗？一些人认为声音"就在那儿"，它独立于心灵之外；也有人坚持认为声音只会存在于耳朵之中或者在听者的神经系统内。假如那个声音没人听见，那不就是无声吗！

　　意大利科学家伽利略（Galileo，1564—1642）就是这样理解颜色的。他认为物体虽然有形状、大小、质量和位置等属性，但它们没有颜色。伽利略说，颜色驻存于我们心中，"在眼中观察着的动物，如果它移动开，那么这一性质也就丧失、毁灭了"[1]。

　　但我们凭什么相信这个观点呢？一个通行的解释是：科学最终会依据形状、大小、质量、位置等可测量的属性来解释事物。据称，科学解释对颜色毫不"感冒"。有人认为这是一个很好的理由，用以说明颜色并不像其他属性那样完全客观地存在"在那儿"。

　　当然，没有确信无疑的理由证明我们的各种感官完全能从各个角度呈现世界的本来面目。在一定程度上，外表具有迷惑性。也许我们的感官在为客观世界镀金、着色。剥去我们的思想为之添加的内容，世界本身要简单朴素得多。

　　认为颜色、声音、美感以及嗅觉、味道、美味以及厌恶等属性从本质上依赖于心灵而存在的观点，叫作反实在论。在美的问题上，反实在论者会认为日落中的美，依赖于我们这些观察者的意识。

　　但我们真的有必要说，当观察者缺席时，食物就没有颜色、气味和声音吗？事实上，关于颜色和声音还有一个有趣的调和性观点，尽管它仍属于反实在论的范畴，但一定程度上顾及了独立于心灵之外的一面。

---

[1]　伽利略《试金者》（*II Saggiatore/The Assayer*）。

以哲学家洛克的色彩理论为例，根据他对颜色做出的两种定义之一，颜色源自物体通过力量或倾向给我们带来的某种感觉或呈现。现在，即便物体什么都不做，这种倾向也会出现。

方糖具有可溶解的倾向。可溶解的属性，就源于它被放进水里就会溶解的事实。方糖随时随地具有这一倾向，哪怕它现在还没有溶解。事实上，即便糖被锤子敲碎或永远未被溶解，它也有可溶解的属性。

与此相似，如果颜色只是物体给人带来某种感觉或呈现的倾向，那么即便我们不看，它们自己也会被着色。事实上，哪怕从没有人看过它们，它们也会被着色。这与人们的常识相符：罂粟或许是红的，哪怕我们没盯着它，哪怕从没有人看过它。

也要注意，洛克关于色彩的倾向理论仍然是反实在论的，他仍然坚持颜色依赖于心灵。要理解为什么，让我们假想一个盯着罂粟看的外星生物。对我们人类而言，罂粟之所以是红的，正是因为罂粟在我们身上产生了某种明确的感官呈现（我们称为"R"呈现）。但假设外星生物有不同的神经系统，罂粟在他们身上产生了不同的感观呈现。这种呈现不是"R"，而是人们观察草时所看到的样子（我们称为"G"呈现）。所以洛克得出了他的结论：在那一刻，罂粟对我而言是红的，但对外星人而言则是绿的。二者都是正确的。没有事实能说明，独立于观察者的心灵之外，罂粟的真正颜色是什么。花色与观花者密切相关，所以根据洛克的观点，颜色属性本质上仍然是依赖心灵而存在的。

　　所以，哪怕你认为没人看见罂粟时它也是红的，哪怕你坚信即便从没人见过罂粟它也是红的，你都可以成为一名反实在论者。之于声音亦是同理。你可以认为森林里一棵树倒了，虽然没人在那儿，它也会发出声响，抑或认为声音只是产生一种听觉经验的倾向，声音都可以被理解为依赖心灵而存在。我们也可以将这一观点推诸美感：哪怕没人看见，日落也是或者即将是美丽的。但它的美在本质上还是主观的。毕竟，我们心中美得不可方物的，在外星人眼里或许就是丑八怪。

　　如果你被关于美感、色彩和声音的反实在论观点所吸引，那么道德呢？盗窃谋杀坏在行为本身，还是坏在旁观者的眼里？哲学家休谟有一个著名的关于道德的反实在论观点。他说，当你试图通过观察行为以便从行为中发现罪恶或错误，你会发现自己一无所获。除非你把对事物的反应填满胸膛，从自己心中升腾出一种否定该行为的情感……但这取决于你自己，而不是事件本身[1]。

　　当然，如果你愿意尝试一个真正大胆的反实在论版本，不妨看看爱尔兰哲学家乔治·贝克莱（George Berkeley，1685—1753）。他确信，除了颜色、口味、声音并非"就在那儿"，甚至物体本身都不外于心。贝克莱认为，物体仅仅存在于观察者的心中。如果你问他："假如森林里的一棵树倒了，它会发出声响吗？"贝克莱一定会坚持认为：如果没人看见倒下的树，那么

---

[1]　大卫·休谟《人性论》（*A Treatise of Human Nature*），第 3 卷，第 1 章，第 1 节。

不仅没有声音，连树都没有。除了心灵和它的观念，没有什么是确定存在的。对贝克莱而言，要想让这棵没被人看到的树继续存在，唯一的原因就是上帝在看着它。上帝的永恒凝视，确保整个宇宙得以存在。

　　你持怎样的实在论或者反实在论观点呢？你认为没被人听到的倒下之树曾发过声音吗？你认为没被看到的东西有颜色吗？你认为冰箱里的所有东西在关上柜门后就会消失吗？你认为美只存在于欣赏者眼里吗？

22. 为什么这个世界一团糟?

当我们问"为什么这个世界一团糟"时,我们也许是在问:为何它没有比现实更好一些?世界有其理应存在的方式,但现实中它是什么样子,似乎与理想状况相去甚远。所以这一问题转换为:世界为何达不到标准?当然,这也是宗教人士解构这一问题的通常角度。

另一方面,假如有人把抽屉翻倒在地板上并观察由此而产生的混乱,他们不太会被"为什么这些东西乱得一团糟"的问题困扰。毫无疑问那就是一团糟。当你把抽屉里的东西倒出来时,你还能指望别的什么结果呢?你所面对的一地鸡毛,恰恰是你预料之中的结果。事实上,假如从抽屉里倒出来的东西不是一团糟,那才真的怪了。假如倒出来后,所有衣服都被整整齐齐地叠成一垛,而其他东西都按照色彩调和摆成秩序井然的一列,那才真正需要解释。假如它们乱作一堆,那有什么可神秘的呢?

同样,如果我们把人类看作自然选择、随机力量以及机遇导致的结果，为什么我们会对人类最终陷入某种混乱而惊诧呢？这难道不是我们预料之中的吗？

此外，如果你认为世界是某种计划的产物，这个也许来自上帝的计划详细规定了事物的发展轨道，那么你很可能会认为混乱不是万事万物理应存在的方式。所以你或许会问："为什么世界不像它应该成为的那样？"

答案在于：因为我们人类都有缺陷。我们倾向于自私、短视，因为不能随心所欲而生气乃至暴戾。的确，世界理应变得更好，我们或者上帝也计划并试图使之变得更好。但作为"太人性的"的存在，我们把事情搞砸了。宗教人士和无神论者都承认人有缺陷，尽管他们对于为何有缺陷还持不同意见。有人认为缺陷继承了亚当和夏娃的原罪，其他人则认为我们就是按有缺陷的方式进化的。

"为什么这个世界一团糟"的另一个问法是将世界曾经的样子用作对比。相比美好的往昔，为什么如今的世界如此不堪？

几年前，我受邀参加一个关于"后基督教"未来的会议，参与者形形色色，其中包括不少宗教信徒，也包括一些主教。正如所料，为期两天的会议一开始，大家就对世道沦丧感到绝望。道德滑坡问题引发关注，并成为开幕式的主题。人们共同的感受是社会正在陷入一个道德困境，它失去了道德的准星。经过两天的讨论，会议最终就道义角度看、事情变得更好还是更坏进行举手表决。令人惊讶的是，最终的投票呈现出一个戏剧性的转折：经过深思熟虑，绝大多数人认为情况比50年或100年前要稍胜一筹。在会议期间，与会者纷纷意识到自己对待其他种族、女性、同性恋群体及少数群体的道德态度是多么糟糕。现在他们认为,我们的国家总体上道德感变得更加充盈,而不是更加匮乏。

当然,人们也普遍认为我们坐上了坠向地狱的手拉车。相关报纸经常把现代英国绘制成一幅令人沮丧的肖像画。很多人在诸如移民(尤其是非白种人移民)、不负责任的寄食者占制度便宜、不断攀升的犯罪率、不道德的滥交青年等类似"问题"上耗费了大量笔墨。有趣且令人担忧的是,这些恰恰是英国居民最容易误传的话题。比如,英国估计约有 31% 的人口是移民,尽管实际数字只有 15%;他们认为黑人和亚裔占据总人口的三成,但实际比例只有约 11%;他们认为每 100 英镑的福利中就有 24 镑被人骗走,官方估算的数字实际上仅有约 70 便士;人们认为犯罪尤其是暴力犯罪在不断增加,但事实却是戏剧性的下降;他们还估计每年约有 15% 的女孩在未满 16 岁时怀孕,而官方的估计仅有 0.6%[1]。

所以,事情未必如你所料的那样糟,尤其当你读了一些广受欢迎的报纸之后。

事实上,假如我们退一步,以一种更加宏观的视野审视世界,我们就会发现人类仍然在很多方面取得了巨大进步。加拿大的认知心理学教授史蒂芬·平克(Steven Pinker)认为,尽管很多人猜想世界正在越变越糟,但事实其实是,世界在很多重要方面都越变越好。平克援引报纸专栏作家富兰克林·皮亚斯·亚当斯(Franklin Pierce Adams)的话说,"没有什么比糟糕的记忆更应该

---

[1]　该调查由机构益普索·莫里(Ipsos Mori)完成,发表于 2013 年版《感知的危险》(*Perils of Perception*),　见于 https://www.ipsos.com/ipsos-mori/en-uk/perceptionsare-not-reality。

为所谓美好的往昔负责"。

平克举例指出，在很长一段时间内，全球范围内贫困人口持续减少、健康状况不断改善、犯罪率及凶杀率下降、饥荒减少，战争减少，教育得以改观。尽管其中仍存在局部的杂音和倒退，但据平克所见，整体趋势在很大程度上仍不断向好。平克将这一进步主要归功于科学和理性的力量。毋庸置疑，科学在极短的时间内改变了我们的生活，仅仅几百年前，人类还缺乏有效的麻醉剂，几乎没有好用的药物，没有电和制冷器，没有汽车、火车、飞机，更没有电脑和互联网。

当我们问"为什么这个世界一团糟"时，我们也应该记住，尽管不少事物仍然无可辩驳地处于混乱状态，但与此同时，很多重要方面也一直在进步。

尽管平克关于我们在很多方面取得重大进展的观点是正确的，但一些领域的确也出现了全球性衰退。作为对平克的回应，很多人注意到了不平等迅速加剧的现象。此外，经济发展成效颇丰是以环境为代价换来的，时下环境正处于危机之中。值得怀念的还有那些在人类发展进步的同时，不太走运的许多其他物种，它们正在经历一场广泛的、人为造成的"绝种"。生态学者斯图亚特·皮姆（Stuart Pimm）认为，时下物种灭绝的速度是自然速度的 1000 倍，未来有可能激增至 10000 倍。

话虽如此，但我们也不要过分悲观。不要忘记我们在很多方面取得的卓越功勋。尽管有缺点，但我们也越来越了解自己的不足并知道如何将之克服。

23. 我的人生何时开启？

我们很多人都感觉被生活的沉重负担压得止步不前，挫败地看着其他人朝着他们选好的目标疾速前进。而我们似乎哪儿都去不了。这种感觉在新年前后尤其强烈。又一年过去了，我又有什么进步呢？或许几乎没有。我们通过制订新年计划来开启新的一年，坚称今年真的、真的、真的要开始健身，要考取一份新的资格证书，要找到生活伴侣，或者寻找一份更好的工作。然而，我们往往再一次雷声大、雨点小，行动逐渐陷入停顿。

所以，让自己动起来的秘密是什么呢？

也许我们需要关注于养成更好的生活习惯。根据美国哲学家、心理学家威廉·詹姆斯（William James，1842—1910）的观点，养成好性格不依赖于形成正确的情感或意图。光有好心，也可能会办坏事。无论你现在多么真诚、多么踌躇满志，仅仅告诫自己"今年我肯定要怎么样，绝对会怎么样"往往很难奏效。詹姆斯认为成功反而建立在好习惯之上，他用一则逸事说明习惯的力量：

有一则故事，虽然未必真实，却足够可靠。故事讲的是一个喜欢搞恶作剧的人，看见一个退伍老兵带着晚餐回家，他冷不丁大喝一声："立正！"那老兵随即把手放下，把羊肉和土豆扔在沟槽里。曾经的训练深入骨髓，它的影响已经融化在老兵的神经系统之中。[1]

当行为成为一种习惯，做起来就不需要竭尽全力、绞尽脑汁。詹姆斯认为应该旨在训练一种对我们有利的行为方式，并且努力使之成为一种下意识。

在各种教育中……最伟大的事，就是让神经系统成为我们的盟友而不是敌人……为了达到这一目的，我们必须尽可能早地采取各种有效措施，力图形成下意识的习惯性动作……能移交给无须费力的自动系统监管的生活细节越多，我们的高级思维能力就能越多地释放出来，从而用于从事特定的工作。[2]

好习惯是成功的关键，这一观点司空见惯，也是那些自我提升类哲学及书籍的共同主题。毫无疑问，其中一定有些道理。

通常，我们不仅缺乏好习惯，还养成了一些阻止我们前进的坏习惯。就像仓鼠在轮子上不断运动，我们很容易陷入日常生活

[1] 威廉·詹姆斯《心理学原理》(*The Principles of Psychology*),1890 年，第 4 章。
[2] 同上。

的既定陷阱。我们花费了大量精力，结果却一事无成。要想改变坏习惯又需要极大的努力。所以培养一个孩子养成好习惯，要比纠正已经养成的坏习惯容易得多。

假设你已经养成一些阻止你前进的坏习惯并且想有所改观，那么制订一个时间表并坚持下去或许会有所帮助。举个例子，假如你想健身，不要仅仅找个健身房并口头承诺自己一周会去两三次，而是把去健身房的计划详细到特定日子的特定时间。把日程表放入电子记事本并设好提醒，然后认真地坚持这一模式。用不了多久，你就会发现这些事已经成为你的惯例，准备起来毫不费力。你也可以有效地安排社交活动和学习日程等事项。这样我们就可以像詹姆斯所说的，"让神经系统成为我们的盟友而不是敌人"。

事实上，业已养成的习惯或许会使你陷入千篇一律的生活，但这并不是你感觉无法取得进步的唯一原因。对行动计划的承诺感到焦虑，这也是一个原因。有些人不到万事俱备的时候绝不会采取行动，唯有计划正确并且计划奏效才能保证他们获得自信。但问题在于，计划常常出错，我们的处境也不断因为无法预测的因素而发生改变。所以面对我们是否选择了正确道路的问题，总会存在一些质疑。风险无可避免。一旦过度谨慎，我们很可能步履蹒跚。

对失败的恐惧很可能会成为实现任何成绩的"拦路虎"（参见《如果我失败了会怎样？》，第 137 页）。我们都经历过很多次失败。如果因为几次失败就选择放弃，你注定一事无成：当别人疾速前行时，你却被生活的重担抛在后面。所以，坚持不懈是必不可少的。

24. 为什么我老是气嘟嘟？

我们都会生气——因为我们丢了钥匙，我们的电脑在最糟的时刻死机了，有人盗用了我们的停车位。突然之间，我们感受到了不断升腾的怒气之潮。这是一种完全自然的反应。但如果这种怒感挥之不去呢？我们中的有些人似乎永远生活在暴怒之中。如果你在所有或大部分时间内都怒不可遏，你该为此做些什么呢？

当然，我们很容易解释为何某个人长时间生气。如果他遭受了严重且持续的不公待遇，也许被错误地监禁起来，那么他显然很可能会陷入深深的愤怒。那些在过去有过可怕经历的人，可能会留下久久难以平复的怒气。当然，内部荷尔蒙失衡也会造成愤怒。如果你长期生气，或许应该诉诸以上这三个原因。如果不幸言中，不妨从律师、心理治疗师和医生那儿寻求卓有成效的帮助。

那哲学呢？哲学能为暴怒做些什么吗？斯多葛学派可以。最著名的罗马斯多葛主义哲学家之一小塞内卡（Seneca the Younger，前4—65）认为愤怒是一种短暂的疯狂。小塞内卡说："别的恶习会影响我们的判断, 愤怒会影响我们的理智。"[1]他认为我们不应该在愤怒的驱使下做出行动。

斯多葛学派的一个主要思想就是: 我们应该运用理性来弄清世界是如何运转的, 而不是希望它如何运转。这样我们就不会因为事物没有按照我们的期望发展而感到沮丧、愤怒抑或产生别的负面后果。希腊的斯多葛主义哲学家爱比克泰德(Epictetus, 55—135)说得好: "我们必须充分运用自己的力量, 其余的就照自然所赐。"[2]真正的斯多葛主义者就是那些展现出意志力和自制力的人, 他们能够掌控自己的破坏性情绪, 把理智用到极致去解决生活中的问题。

举个例子, 假如在参加一个重要工作面试的路上, 你的汽车抛锚了。你已经请求道路支援, 并且做了你能做的一切以期准时参加面试。此时此刻, 命运尽在你的掌控之中。尽管在这种情况下, 我们很多人会感到焦虑和气恼, 但这些负面情绪不仅于事无补, 事实上还有可能让事情变得更糟。而斯多葛主义者面对此类情形, 会专注于变得镇静、稳健; 对于时下无法改变的事情, 他们会接受现实。当发现自己对于扭转僵局无能为力, 必须改变自我, 避免让事情继续折磨我们。

还有一个例子: 如果你上推特, 你很可能遇上一些行为不端的人, 他们有时不厌其烦地发帖侮辱你、挑衅你。他们充满了绿巨人般的愤怒, 并且你发现自己可能变得同样暴躁。事实上, 这

---

[1] 塞内卡《论愤怒》(*On Anger*), 第3卷, 1。
[2] 爱比克泰德《论说集》(*Discourses*), 第1卷, 1。

正是挑衅者所乐见的。面对这种情况，斯多葛主义的建议是：不要让这样的无礼影响到你。爱比克泰德更进一步，认为这种由侮辱导致的伤害，归根结底是自己造成的，因为我们坐视侮辱伤害自己。相反，如果我们心如磐石一般保持冷静、不受影响，那么无论网上的挑衅如何夹枪带棒、惨不忍睹，都无法造成任何损伤，我自岿然不动。

不过，愤怒难道不会在某些时候有那么一点点用处？比如一个士兵在战场上暴怒，这难道不会使他的战斗更有效率？如果你为生存而战，愤怒难道不会对你有所裨益？塞内卡不以为然，他反问道：

> 当理性能达到同样的结果时，愤怒又有什么用呢？你认为猎人会对他杀死的野兽生气吗？从野兽攻击他时他们接触，到野兽逃散时他紧跟不舍，所有的一切靠的都是毫无怒气的理智。[1]

如果你与一条来袭的狼搏斗求生，那你不太会处于劣势，因为你并不会对狼发怒。事实上，面对生活的战斗，增加怒气不仅不会带来好处，还会导致行为冲动、无理性，甚至愚蠢。愤怒会破坏好的技战术水准并使人处于劣势，这对于职业拳师而言，早已是广为接受的事实。

---

[1] 塞内卡《论愤怒》，第1卷，11。

所以根据塞内卡的观点，愤怒毫无用处，并且应该在它刚开始升腾的那一刻就将其果断制止：

> 最好的办法就是果断拒绝导致愤怒的最初诱因，在怒气刚刚露头时就抵制它。留神被怒气出卖：因为一旦被它带偏，我们就很难恢复到健康状态……[1]

斯多葛主义者、罗马皇帝马可·奥勒留（Marcus Aurelius，121—180）补充道：不要将那种把愤怒当成男子汉气概的观点信以为真：

> 当你处在愤怒的亢奋状态时，希望这条真理能出现在你眼前：被激情驱动，就毫无男子汉气概可言。相反，温和、有礼因为更合乎人性，也就更有男性气质。那些拥有力量、胆量和勇敢等品质的人，根本就不会受激情和不满所左右。[2]

然而，认为愤怒一无是处真的正确吗？为什么我们人类逐渐会感觉怒气无利于我们的生存、繁殖？

与其他生物一样，我们人类在进化中逐渐能感受到愤怒的情绪。因为愤怒能引发诸如咆哮、猛击等确定行为，这些行为或许对我们有利。很明显，表现得咄咄逼人，甚至有些暴力倾向有时

---

[1] 塞内卡《论愤怒》，第1卷，8。
[2] 马可·奥勒留《沉思录》（*Meditations*），11.18.5。

也是一种理性，比如为了自卫。但要看到，我们可以不怒自威。要注意，塞内卡并没有说过不要咄咄逼人，他只是说行为莫要出于愤怒。请向武术家李小龙（Bruce Lee）那样：危急时外表凶恶，平日里心如止水。

如果你发现自己老在生气，不妨试试斯多葛学派的法子。比如，他们建议我们针对遇到不可避免的挫折进行沉思，当此类事件真的发生时，我们就会胸有成竹，不会轻易臣服于愤怒。美国哲学家努斯鲍姆（Martha C.Nussbaum）在讨论被南非政权非法囚禁了数十年的纳尔逊·曼德拉（Nelson Mandela）时写道：

> 他经常说自己很了解愤怒，他必须与自己个性中关于寻求报复的冲动作斗争。他记录自己在 27 年的铁窗生涯中，必须练习一种守纪律的沉思方式，保持性格不断发展，避免坠入愤怒的圈套。现在可以很清楚地看到，罗本岛上的囚犯或曾偷偷带进来一本斯多葛主义哲学家马可·奥勒留所著的《沉思录》，给他们树立了一个不知疲倦、努力对抗愤怒腐蚀的榜样。[1]

如果你发现自己常常大发雷霆，你会发现像曼德拉那样多读些斯多葛学派的著作，会使你大有收获。

---

[1] 努斯鲍姆《超越愤怒》（"Beyond Anger"），见于《万古杂志》（Aeon magazine），网页版见于 https://aeon.co/essays/there-s-no-emotion-we-oughtto-think-harder-about-than-anger。

斯多葛主义当然也不允许别人随意欺侮你。他们并没有说：不要费力去试图改变外物，让人们随心所欲地对待你。相反，他们说：不要把时间浪费在为那些既定事实而苦恼上，当你起身而行时，不要因为愤怒而要出于理性。事实上，斯多葛主义者正是一批有原则的人，他们随时准备好为正义而斗争，随时站起身来反抗压迫。

25. 我是谁？

通常，当有人问"你是谁"时，我们都能轻而易举地回答。我们会给出这样一些答案：名字、居住地，或许还会提及工作、家庭和兴趣。当然，假如你撞了头并失去记忆，你将无法提供这些信息。但毫无疑问，我们中的绝大多数可以毫无困难地、准确地说出自己到底是谁。

然而奇怪的是，当被一种哲学的口吻问及同样的问题时，我们会回答得很费劲。当牧师、私人顾问或是印度教的一位上师问你究竟是谁，他们需要的似乎是另一种答案。突然，许多人会发现，自己已完全陷入问题的泥淖之中。

为什么会这样？为什么我们不知道自己究竟是谁？这个神秘而难以捉摸的"真我"是什么？"真我"可能以何种方式显示出来？通过观照内心？

许多人设想中的真正自我是一个隐藏的、被锁定在内心之中的自我，而且这个自我只有通过内省才能最好地呈现出来。确实如此吗？

苏格兰哲学家休谟所做的一项关于内在自我的研究很出名。他将注意力转向内在，并找到了一系列思想和感觉——记忆、关于色彩的经验、痛感，等等。但休谟发现，被认为在这些思想与感觉之外存在一个额外之物，这样的"自我"从来就没有出现过。因为休谟相信所有的概念都来自经验，所以他得出了这样的结论：没有任何关于内在灵魂或自我的概念。根据休谟的观点，自我不是除却那一"束"我们经验到的思想和感觉之外的额外之物。事实上，自我恰恰就是那一"束"经验。毫无异议，这就是休谟所谓的自我捆束理论（Hume's bundle theory of the self）。

把注意力转向内心，也并不是一个了解我们到底是什么样子的可靠途径。包括勇气、刚毅、决心以及正义在内的人类珍视的许多特质，都表现在并存在于危难之际。一个勇敢的人，恰恰就是那个被置于令人恐惧的情境下仍能举止合宜的人。

针对帕克兰的校园枪击案，特朗普曾公开宣称："我相信哪怕我自己没有武器也会毅然冲进去。"[1] 但特朗普真的相信他会在手无寸铁的情况下冲进去拯救这些年轻人吗？真相是，他在真正身处那样的情境之前，几乎不会有什么想法。这对我们而言也是同样的。勇气不显现于纸上谈兵，而是通过我们在一个富于挑战的环境中的表现透露出来。

所以，发现"真我"的秘密，也许不在于宁静的沉思，而是

---

[1]　https://www.bbc.co.uk/news/43202075.

将你置于一个对自己形成挑战的险境之中。如果你从来没有遇上过这样的情况，你将永远不会解开迷局。这个道理对特朗普也是公平的，如果明白这个道理，他就会说："只有经过考验，你才会知道。"[1]

这些疑问"我究竟是谁"的人，可能还会问"我来这儿是为了什么""我的目的是什么"。如果一个孩子对这一把剪刀问"这是什么"，你可能会解释剪刀的用途：它是用来剪东西的。所以，回答"我是谁、我是什么"的问题，或许要弄清楚我来这儿是为了什么、我的目的是什么。

有人或许会从职业的角度来回应这个问题："目前我是一个银行经理，但这不过是一份从事的工作，真正的我是一个音乐人，那才是我孜孜以求的身份。"我猜我们中的大多数在问"我是谁"时，并不是寻求一份职业建议。

正如我们在《我的人生有意义吗？》（第 60 页）中所看到，对于"我在这儿是为了什么"的一个回答是：我们都是为了生存和繁衍，从而把遗传物质传递给下一代。作为智人物种中的一员，这是我们被指派的角色使命。尽管在某种意义上，这毫无疑问是我们来到世界的目的之一，但这是否能回答很多人关于"我是谁"的疑问，我深表怀疑。毕竟，这个解答太乏味了，也并不是我们所要搜寻的那类答案。

我们发现，"我是谁"这一问题难以捉摸，最后甚至会得出我不

[1]　https://www.bbc.co.uk/news/43202075.

知道我是谁的结论，其中一部分原因也许就是我们只见树木不见森林了。

　　没错，我们都扮演着不同的角色。而且我们在不同的场景中采用不同的角色风格。和家人在一起，我会表现出一种个性；在工作时，我采用一种更正式的风格；和朋友在一起，我呈现出另一个样子。这当中哪个是真正的我呢？真正的我，是这些角色中的某一个，抑或是某个仍在等待"出场"的其他角色？

　　英国哲学家吉尔伯特·赖尔（Gilbert Ryle，1900—1976）提供了一个或许有价值的类比：一些游客在牛津大学漫步，他们看着不同的学院、系所，然后说："这些都很有趣，但究竟哪里才是大学？"游客们犯了个错误，他们认为大学是除却学院、系所的额外之物，然而大学就是这些东西。一些人为了寻找"真正的洋葱"而一层又一层地把洋葱剥开，最后他们什么都没发现。事实上，在层层剥开的全过程中，在他眼前的不正是"真正的洋葱"吗？

　　所以，也许真正的你，并不是一个隐藏在别人能观察到的日复一日的生活经纬背后的额外之物。相反，这些日常的经纬就是真正的你。真正的你不是站在翅膀上的一个神秘的、幽暗的、等待出现的身影，而恰恰体现在你公开显露的所有风格和你扮演的各种角色之中。

　　当然，假如我说的这些是对的，或许别人会比你更清楚"真我"是什么。

26. 如果我永远找不到真爱怎么办？

很可能你已经找到了爱。我的意思是说，你很可能有慈爱的父母、兄友弟恭的手足，也可能有闺蜜或哥们。当然，那些说自己在"寻爱"的人，通常是在追求浪漫的爱情。他们想要一段亲密关系，坦率地说，也包括肉体的契合。

当然，我们追求的也不纯粹是浪漫。一段又一段短期恋情是不行的。那些"寻爱"的人通常需要一个生活伴侣，这个人能坚定地承诺和我并且只和我长相厮守。一般来说，这是一个我们希望与之结婚的人。

人们通常认为，女人对生活伴侣的渴望比男人强烈。书市上，针对异性恋女性的爱情秘籍往往畅销不衰，它们一般还会取这种名字：《寻觅爱情，寻找婚姻》《拒绝无效约会，拿下这个小伙——写给30岁以上的女人》《了解男性思维：吸引并留住你的理想型》。事实上，研究表明，苦苦寻求爱情的也包括男性。皮尤研究中心的一项调查显示，年轻男性与女性一样想迫切想结婚，并且认为成功的婚姻是人生中最重要的事。

要看到，并非所有人都想要生活伴侣，尽管大部分人是这样想的。我们的问题不在于如何找到他们，而在于如果永远得不到这种内心深处渴望的情感会怎样？如果真命天子或梦中女神不再出现，我们要怎么办？

回答这个问题之前，有必要考虑另一个问题。为什么我们很多人需要这样一种关系？为什么这种渴望有时如此令人绝望？

这至少在一定程度上是个生物学问题。如果我们想成功繁衍后代，最好的选择就是有一个长期稳定的性伴侣。所以，有稳定伴侣的渴望可能是自然选择的结果。在进化过程中，我们形成了需要这种关系的特质。但拥有这种愿望并不只是人类的专利，天鹅、信天翁、狼和长臂猿等许多其他物种也被认定会寻找终身伴侣。

当然了，我们可以科学地解释为什么对终身伴侣的需求非常合理。正如需要呼吸、渴了要喝水一样，这些渴望都是"内在的"，是可以被科学解释的。它们永远不会有失效期。

如果对唯一、忠贞的生活伴侣的普遍渴望是我们进化程序的一部分，那么接下来呢？这并不是说我们要被这种渴望困一辈子。哪怕这种渴望为我所愿，我们的内在倾向也可以被成功抑制住。人类天然倾向于各种各样的不良行为，但我们却无法有效地控制自己，例如，我们似乎生来就想逮住机会吃高糖高脂的食物。但不必讳言，我们中的许多人已经学会成功地抑制这种欲望。

然而，压抑内心深处的渴望并不总是健康的，甚至是不可能实现的。对大部分人而言，对生活伴侣的深切渴望很可能永远无法摆脱。即便我们愿意，也很难将这种渴望轻易舍弃或者抛之脑后。

假设你既无法摆脱也无法实现对生活伴侣的渴望——那又如何呢? 的确，这种欲望不可避免地会使你痛苦。不过先别太沮丧，不妨提醒自己：实际上令我们开心的事和我们以为会令自己开心的事情并不总是一样。我们人类一直不擅长判断什么东西会使自己开心或痛苦。

正如在《为什么我不感激自己拥有的一切? 》(第 120 页) 中写的那样，很多人认为在事故中失去一条腿会使我们非常难过。然而，事实证明，那些失去肢体的人在一年后的平均快乐程度并不比以前少。所以，如果你从未找到真爱，不要认为你过的就是不尽如人意的痛苦生活。事实上，这种潜意识会阻碍你获得真正的幸福。痴迷于满足某一愿望，常常会导致我们忽视那些更有希望成功的机会。

尤其要注意，千万不能有"唯有获得这个，世界才会变得更好"的思维。稳定的恋爱关系不是万能药。特别是在异性关系中，女性不得不比男性更努力地工作。她们往往要做更多的家务以及投入更多的情感付出。所以，小心你的愿望，因为它可能会为你招致大量的家务活。

许多人在单身情况下能过着充实、幸福的生活，女性尤其如此。单身女性比单身男性更幸福，因为她们更善于社交、有更多的闺蜜支持陪伴。研究还表明，单身女性倾向于参加更多的社交活动，而单身男性则恰好相反。

　　是的，带着一种求而不得的深切渴望过日子，的确令人深感沮丧。但要记住，这些渴望的实现也可能会带来无法预见的、令人大失所望的后果。总之，即便愿望落空，你也有可能过上充实的幸福生活。有时候，正是因为梦想破灭，我们才找到了同样美好，甚至更有价值的目标。

27. 为什么好人要受苦？

　　从科学和自然的角度看，好人受苦并不奇怪。的确，好人受苦是可以预料的。自然事件常常对人类和其他有知觉的生物产生可怕的后果，例如带来瘟疫和自然灾害。大自然并不关心这些后果，它只是无情地碾碎它们，无差别地伤害和屠戮所有好人和坏人。因此，好人也无法躲避厄运临头。

　　既然答案如此显而易见，但我们为什么要绞着双手问上天：好人因何受苦？我认为很可能是因为我们很容易被某种宇宙正义的观念所吸引。当看到一个好人被某种可怕的疾病所诅咒时，我们大多数人都会想：这太不公平了，为什么走霉运的是他？我们都希望善有善报，恶有恶报。但环视周围，事实显然并不总是如此，这的确令人沮丧又抓狂。

　　当然，如果你相信上帝会使所有的错误得到纠正，让所有的美德得到回报，那么你就会认为正义最终会得到伸张，哪怕不在今生也在来世。这一想法的确能够安慰人，然而我们又面临另一个谜题：为什么一个公正的上帝会让好人在此生如此痛苦？一个在世界中创造了如此恐怖的痛苦与折磨的上帝，怎么能被认为是公正的呢？当然，这些都是拒绝信上帝的常见理由。许多无神论者根据好人和无辜者都会受难，进而指出即使有某种智能在控制宇宙，它也并不一定仁慈和公正。

天堂会是这个问题的答案吗？如果天堂真的存在，好人能去天堂，他们今生所经历的痛苦会不会在来生得到足够的补偿？在这种情况下，正义终将得到伸张。

但仔细研究一下，天堂是如何成功地让良善之人一边被迫忍受着痛苦，一边相信公正、慈爱的上帝的存在的？答案似乎并不清晰。布灵顿俱乐部是牛津大学的一个男性精英俱乐部，它以拥有很多重要的议员为荣。他们非常享受把一个餐馆糟蹋得不成样子的情形，然后甩一捆钞票给老板说："交给钱来处理。"即使这些钱远远超过了老板的经济损失，但显然，这并不能纠正他们已经犯下的过错。单纯的赔偿并不能抹去道德的污点，他们的行为不会因此符合道德的准则。同理，如果上帝存在，也许会在来生补偿那些在世界上遭受痛苦的人，但这就意味着强迫他们今生忍受痛苦。这种补偿并不能证明上帝制造或容忍这种痛苦的存在是正当的。

有什么好的理由可以解释上帝默许好人受苦受难吗？那些对上帝虔诚的人坚信一定有这样一个原因，无论我们是否知道它是什么。有些人说："也许这超出了我们的能力范围。"毕竟，这个世界不可避免地存在许多我们人类无法理解的东西。

也许对待苦难的正确态度是尽我们所能去避免苦难。近年来，儿童死亡率不断降低，让那些在过去根本熬不过去的孩子能够茁壮成长。我们发明了麻醉药，让人类承受的痛苦大大减轻[1]。我们还发明了各种治愈或者预防疾病的药物，所以哪怕好人仍会遭遇痛苦，我们已经在减轻他们痛苦这一问题上取得了意义非凡的进步。

---

[1] https://ourworldindata.org/child-mortality.

28. 为什么我不感激自己拥有的一切？

我们都在努力实现目标。除了更多的钱、豪华汽车、更好的房子等物质财富，我们也在努力追求新的可能性，诸如生儿育女、升职、和海豚"共舞"，以及其他非物质的好处。在目标实现后的一段时间内，我们常常会感到快乐。但不幸的是，我们人类倾向于对已拥有的一切习以为常，而且事实证明，过不了多久我们的快乐就不似从前了。即便那些刚刚在体育项目上取得辉煌成绩，抑或买彩票中了大奖的人，他们享受到的情绪冲动也不会持续太久。

为了保持浓浓的幸福感，我们会把注意力转移到新的目标上；目标一旦实现，就会带来新的快乐，但这种快乐往往同样短暂，它让我们渴望更多快乐。我们人类经常陷入的这种被称为"幸福跑步机"的无休止循环，被困在跑步机上的人必须不停地走着跑着才能保持原来的位置。心理学家迈克尔·艾森克（Michael Eyscnck）认为，对幸福的追求会让我们登上类似的跑步机：必须不断努力，才能维持现有的幸福水平。

这种追求幸福的渴望将我们置于跑步机上，或者类似于磨盘上从不停歇的马。类似的想法古已有之，这要归功于圣奥古斯丁等哲学家。奥古斯丁曾说过："真正的说法是，愿望没有休息，它本身是无限的、无休止的，正如人们所说，它是一个永动的齿轮，或者说是马磨中的马。"[1]

我们倾向于将幸福水平恢复到那些影响幸福的重大事件发生之前，这有一个好处。如果发生了一些让你深为不悦的事情——比如说，丢了工作，甚至失去了一条腿——几个月后，你仍然会恢复到从前的幸福程度。在 1987 年发表的一项著名研究《彩票中奖者和事故受害者——幸福是相关的吗？》（*Lottery Winners And Accident Victims: Is Happiness Relative?*）中，心理学家布里克曼（Brickmann）、科茨（Coates）和亚诺夫 - 布尔曼（Janoff-Bulman）发现，虽然中了彩票的人立即表现得非常高兴，而那些失去肢体的人马上就陷入了悲伤，但仅仅几个月后，两组人的幸福程度又再次恢复到了原来的水平。

所以我们如何逃离"幸福跑步机"呢？我们怎样能够让幸福感更持久呢？在 2013 年的 TED 大会上，澳大利亚哲学家彼得·辛格（Peter Singer）在他名为《有效利他主义的方式和原因》（*The How and Why of Effective Altruism*）的演讲中指出，利他主义为我们提供了一个"逃生的出口"：

---

[1] 转引自罗伯特·伯顿（Robert Burton）的《忧郁剖析》（*Anatomy of Melancholy*），1621 年。

　　你努力工作赚钱,把钱花在商品消费上,以期享受更好的物质生活。但钱越花越少,你必须努力工作,然后赚得更多、开销更大,从而保持相同的幸福程度。这是一种幸福跑步机,你永远无法在中途停下,永远不会感到真正的满足。而成为一名有效利他主义者会给你带来价值感和满足感,它会让你的自尊地基更加坚实,让你觉得自己的生活真的值得过下去。[1]

　　辛格说,当代的消费主义生活方式是一个陷阱。我们就像希腊神话中的西西弗斯(Sisyphus),他被惩罚去把一块巨石推到山顶,但却眼睁睁地看着石头滚下来,然后他必须再次把石头推上去,一遍又一遍,直到永远。辛格认为,我们可以通过帮助他人来获得一种更持久的满足感,而不是无休止地追求一次次"血拼"带来的短暂刺激。否则,一旦第一次刺激带来的效果消失,我们就必须挣钱换取下一次刺激。辛格建议我们适当奉行有效的利他主义:以最有效的方式捐钱帮助穷人和弱势群体。

　　有证据表明,通过改变我们的生活方式可以获得一种更持久的幸福。在《为什么我不享受生活?》一章中,我们列举了7种

---

[1] 罗伯特·埃蒙斯(Robert A. Emmons)和迈克尔·麦卡洛(Michael E. McCullough)《对幸福与负担的计算:一项关于日常生活中感恩与主观幸福感的实验研究》("Counting Blessings Versus Burdens: An Experimental Investigation of Gratitude and Subjective Well-Being in Daily Life"),见于《人格与社会心理学杂志》(*Journal of Personality and Social Psychology*),2003 年,卷 84,No.2,第 377—389 页。

能帮助我们提高幸福感的方法。其中一个就是像辛格所建议的那样去帮助他人。当然我们也可以做其他事情。在我们研究的 7 种方法中，最后一种专注于感恩。通过感恩，我们不仅要让自己知道生活中什么是好的，也要知道有些好的东西我们无法完全控制。我们要感激他人与世界，乃至某种更崇高的力量。与此同时，我们也与他们产生更紧密的联系。

　　一项为期 10 周的研究在两组对象之间进行比较，一组人写下他们感激的事情，另一组写下让他们不高兴或生气的事情。研究发现，第一组人变得更乐观，对自己的生活感觉更好。有趣的是，相比第二组而言，第一组成员的锻炼次数更多，看医生的次数更少。所以，记一本感恩日记，写下生活中的点滴，或者尝试与朋友和家人倾诉，这将让我们变得更幸福，也更珍惜我们目前拥有的一切。

29. 我在虚度人生吗？

　　当人们以"你的一生都做了些什么"发问时，也许暗含着批评意味。如果一个姑妈这样问侄女，这位姑妈很可能在暗示年轻人：你在浪费自己的生命。姑妈想问的实际上是：为什么你不能按照我们期待的那样行事，比如结婚生子或者建功立业？她想让侄女知道，侄女的成就离姑妈的期望相去甚远。

　　当我们用这个问题拷问自我时，经常缘于我们对自己不满意，甚至有时候会因为觉得自己浪费时间而陷入沮丧。

　　毫无疑问，有的人在浪费自己的生命，至少是生命中的一部分。同样毋庸置疑，我们有时会陷入困境，忙于单调乏味的日常工作，面对重要的人生目标却毫无建树、裹足不前。我们或许不确定自己的目标应该是什么。我们是否应该确立一个更符合世俗观念的目标，比如成功的事业或是美满的婚姻？还是说我们应该专注于其他事情？

　　你的目标应该是什么？在这里我不会给出任何建议。然而，我要提醒大家注意我所谓的"宏大叙事诅咒"。人类喜欢好的故事,喜欢那些叙事结构令人满意的故事,例如坏人终被打败、英雄取得胜利、障碍得以克服,等等。我们喜欢那些拥有开头、发展和完美结局的故事。

我们经常"编辑"自己和周围人的生活,试图使他们符合这个叙事结构。细节突出、闲笔省略,以便构造出一条完美的故事线。传记和传记电影常常这样做,讣告也如此行事。当然,就像人们在圣诞节为对方寄出的轮转信件[1]那样,我们对自己的生活也是如此。

问题是,很多人的一生,总体来看并没有达到宏大叙事的预期。现实的生活往往混乱而沉重,它们必须经过大量的编辑和修改,才能呈现出令人愉悦的情节。因此,如果我把现实生活与我在轮转信件或传记电影中看到的生活相比,我可能会觉得自己的生活无比平庸。我会为此而伤心,因为我已经在书写人生大叙事的测试中败下阵来。

将我们自己的生活与这种以虚构为主的宏大叙事相提并论,必然是一个错误。即使算不上传奇,也没那么多奇闻逸事,我们同样可以活出美好而有价值的人生。哪怕一个人,从摇篮到坟墓,都在为改善周围人的生活而默默无闻地无私工作,或许他的生活是一部极其乏味的传记片,但他的人生同样有价值。我们当然要问自己"我的一生都做了些什么?"但不要错误地认为,如果没

---

[1] 轮转信件,通常是包在圣诞卡中的信件,描述了自己和家人一年来的活动,每逢年底发送给多个收件人。——译者注

有写下宏大叙事，你的生命就被浪费了。

当然，哲学家确实鼓励我们反问自己"我的一生都做了些什么？"最著名的哲学名言之一来自柏拉图的《申辩》，其中苏格拉底说："未经审视的生活不值得过。"根据柏拉图笔下的苏格拉底，如果你没有反思你是谁、你的一生应该做什么等洞彻人心的哲学问题，你的生活就是在浪费时间。根据这种理论，扪心自问"我的一生都做了些什么"，至少朝着更有价值的生活迈出了重要一步。

但苏格拉底说得对吗？事实上，他难道不是在谴责那些没有就自己的存在进行哲学反思的人，并批评他们的生活毫无价值吗？当然，如果我是一个哲学家，你可以期待我帮助人类以更哲学的方式思考。我也确实认为这对我们有好处。有证据表明，当人们在思考诸如他们应该如何生活等哲学和道德问题时，当他们在运用自己的智慧和判断力时，他们的确会从中受益。然而，我并不认为从事这种思考是过上有价值生活的唯一途径。那些无私且卓有成效地帮助他者却从不理智地思考自己所做之事的人，难道他们的生活不值得过吗？因为认知有限而无法从事这种智力活动的人，难道他们的生活不值得过吗？所以，要求所有人对自己的生活进行哲学反思，是一条令人大为不悦的黑暗建议。

30. 我做对了吗?

在这里我得忏悔。我很容易深究我所做过的决定,复盘我说过的话做过的事,然后反复质问自己:"那是最好的选择吗?也许有不一样的选择?"有时这种略带强迫症似的回顾反思会严重分散我的注意力,让我没法专注于眼前发生的事情和接下来将要发生的事。

有时甚至会更进一步:我不仅质疑自己是否做对了,甚至直接下判断认为自己已经做错了。我对所作所为感到后悔,我非常希望能回到过去并做出不同的选择。有时我会为此懊丧不已。

这种想法健康吗?有人会建议说,木已成舟,过去是无法改变的。所以,我所有的回头看、质疑甚至后悔都毫无意义。我不应该专注于我无法改变的过去,而应该集中于我能改变的现在和未来。

我们应该无怨无悔地生活,这是哲学家尼采给出的建议。尼采说:"我认为一个人的伟大之处是他的'命运之爱'(amor

fati)"[1]。"Amor fati" 在拉丁语中意为"对命运的爱"。我们没有必要对所做的事感到后悔甚至懊丧，因为既定事实无法改变。事实上，正如尼采所补充的，对你所做的事感到懊悔，是在第一次做蠢事之后又来上一次。

但扪心自问我们是否做了正确的决定，哪怕会为所做的一切感到后悔，这对我们来说是很自然的。这是人类状态的一部分。为什么这么说呢? 如果这样做对我们没有好处，为什么还会进化出对无法变更之事的思考呢?

答案当然是，它会使我们受益。虽然我们不能改变过去，但我们可以从中吸取教训。那些常常回头审视自己所做之事和所犯之过的人，更有望避免再犯同样的错误。我们倾向于在脑海中重复那些曾经历过的事情，然后问自己"我当时做得对吗，然后……"，这是我们人类的一个优势。

也许斯多葛主义者在回顾过去、叩问内心和悔不当初的问题上会做出正确的选择? 斯多葛主义哲学家塞内卡、爱比克泰德和马可·奥勒留都认为，像后悔这样的负面情绪不仅没有好处，而且应该被避免。如他们所见，过去不能被改变，所以我们不应感情用事、为无可挽回的后悔所折磨。然而，正如哲学家马西莫·皮格鲁奇（Massimo Pigliucci）所指出的[2]，这并不意味着斯多葛学

---

[1] 弗里德里希·尼采《我为何如此聪明》（*Why I Am So Clever*），见氏著《瞧，这个人》（*Ecce Homo*），选自沃尔特·考夫曼（Walter Kaufmann）编译《尼采基本著作集》（*The Basic Writings of Nietzsche*），纽约，兰登书屋（Random House），1967年，第714页。

[2] https://howtobeaStoic.wordpress.com/2016/11/25/whatsthe-point-of-regret/.

派就不主张人们回顾过往。通过回顾，我们可以从自己所犯的错误中吸取教训。事实上，斯多葛学派的塞内卡在他的著作《论愤怒》中，就鼓励我们在每天结束时做一个回顾，看看自己都做了什么：

> 这种精神应该每天接受检查。绥克斯图（Sextius）[1]的习惯是在一天结束时让自己安闲下来，并质问自己的心灵：你今天改正了什么坏习惯？你检查了哪些毛病？你哪方面做得比较好？……把一整天的事过滤一遍，还有什么比这种方式更令人钦佩的呢。[2]

斯多葛学派认为，时刻反躬自省：我做的决定对吗？或许是一个很有价值的训练。让负面情绪开始滋生，让我们对自己的所作所为感到心烦意乱，无疑是错误的做法。从错误中吸取教训的过程，并不需要这些无用的负面情绪。

---

[1]　绥克斯图，奥古斯都时代罗马哲学家，塞内卡对他非常钦佩。——译者注
[2]　塞内卡《论愤怒》，第 3 卷，36。

31. 为何人生如此艰难?

　　"人生如此艰难。"孤女安妮(Little Orphan Annie)[1]这样唱道。对我们大部分人来说，的确如此。

　　为什么生活如此艰难? 呃，为什么不难呢? 生活，对于在这个星球表面生存的绝大多数生物而言都是异常艰难的。任何看过自然纪录片的人都知道，大多数生物都为生存而拼命挣扎。生物经常要长时间忍饥挨饿，要防止被同类和捕食者袭击，此外还有数不尽的其他威胁。只有最坚韧者方能存活。哲学家托马斯·霍布斯(Thomas Hobbes, 1588—1679)曾提出一个著名论点，如果一个人生活在社会之外的"自然状态"中，他的生活会是"孤独、贫穷、肮脏、野蛮而短暂的"。共同生活在一个法治社会和有权遵照这些法律的国家，我们就可以在相对安全的环境中度过一生，至少能保证不会在床上被人谋杀。

---

[1] 哈罗德·格雷(Harold Gray)于1924—1964年创作连载的漫画《孤女安妮》中的主人公，这部漫画在美国影响深远。——译者注

的确，对大多数当代西方人来说，生活远没有过去那么困难，那时的艰辛远胜于今。我们的祖先比现在更容易生病、感到疼痛并遭到别人虐待。科学、道德和政治的进步使我们的生活变得更加可以忍受。然而，即使在今天，大多数人的生活中仍在发生着某种程度的悲剧，而且悲剧确实在许多人的生活中扮演着主角。

既然生活如此艰难，我们该如何应对？也许解决方案之一在于管理我们的预期。我们常常用催眠曲和谎言来哄孩子，让他们看不到成年人生活的残酷。我们给他们讲大团圆的故事。不管他们的字迹多难看，他们的歌声多难听，我们都坚持认为他们创造的一切都是美好的——"太美了，亲爱的！""噢，太赞了，我们必须把它贴在冰箱上！"我们还告诉他们，长大后可以成为他们想成为的任何人。因此，长大成年或许会对这个由浮夸赞美构成的系统造成巨大冲击。那个五音不全的孩子，曾被溺爱他的父母给予歌喉无与伦比的赞誉，并告诉他靠这样的嗓子可以得到他想要的一切，然而当他面对现实的时候，他将非常失望，而失望带来的打击会让人感觉更加沉重。

如果不切实际的期待会令事情变得更糟，为什么不能学会管理好自己的预期呢？这个建议就是斯多葛学派的思想核心，当一个人在思考"为什么我老是气嘟嘟"（第 103 页）或者"我做对了吗"（第 127 页）等问题时，斯多葛学派建议他们学会管理自己的预期，从而在事情没按预期发展时不会感到失望。

当孤女安妮失望之时，她乐观地唱道："明天太阳就要出来了！"斯多葛学派认为：这不是一种有益的态度。毕竟，明天很可能不出太阳。事实上，她应该期待明天不出太阳，那样的话，当太阳确实没有出来时，她就不会感觉那么糟。乐观和希望是你的敌人，而不是朋友。正如斯多葛主义者塞内卡所说："不幸最沉重地压在那些除了祈祷好运之外别无所求的人身上。"

斯多葛学派推荐的方法之一被称为"提前冥想"（premeditatio malorum），近来又被称为"负面观想"（negative visualisation）。假设你拥有一辆崭新的自行车。斯多葛学派建议，你应该提醒自己，自行车经常被偷或损坏，闪亮的新物件很快就会失去光泽，等等。这样的话，当自行车果遭"厄运"，你就不会那样泄气，甚至能欣然面对自己的损失。专注于潜在的损失有另一个好处，那就是趁你拥有时，更珍惜这辆可爱的自行车。

斯多葛学派建议我们将提前冥想的技巧应用到我们特别珍视的所有事物上。我们要设想可能会失去我们所爱的人、失去我们的健康、失去我们所有的财产，等等。这样，当困难不可避免地降临时，我们就能更好地应对。然而，重要的是要记住，斯多葛学派的建议并非让我们形成一种永久的、屹耳[1]式的忧郁态度。这也并不是说我们要让自己变得足够忧郁，以至于坏事发生时感情无法进一步下坠。要注意，预先冥想是一种旨在帮助我们建立现实预期，并为可能发生的坏事做好准备的智力训练，而不是旨在让我们感到沮丧的情绪练习。毕竟，我们的目标是让自己更幸福，而不是更难过。

---

[1]　屹耳是动画片《小熊维尼》中的灰色小毛驴。——译者注

32. 我是个坏人吗？

"彼得·辛格说你是个坏人。"《今日哲学》（*Philosophy Now*）杂志一篇文章的标题如此写道。彼得·辛格是世界上最重要的道德哲学家之一。所以我想，如果彼得·辛格确实说过你是一个坏人（老实说，我不确定他是否会这么说），那么这个建议值得我们认真对待。

许多人对人性的看法相当负面。通过"我会下地狱吗"等考问，我们看到：根据一些宗教信徒的说法，我们都是非常坏的人，除非我们相信上帝，或者相信耶稣的救赎，否则我们都应该下地狱。

这当然不是辛格的观点。然而，他确实认为我们很多人的行为都很糟糕。要想知道原因，不妨做做他的这个哲学思想实验：假设你看到一个孩子在游泳池里溺水，只有你能蹚水过去救这个孩子，但那必然会毁了你那昂贵的衣服。显然，正确之策是赶紧救人，为考虑衣服成本而磨叽是禽兽之举。再设想一个类似的例子：生活在穷乡僻壤的孩子，如果没人提供食物和医疗，他们很快就会死去。我们大多数人认为，虽然救助这些孩子是件好事，但我们没有道德义务必须拿出大量现金来救助他们。但为什么不呢？辛格认为你有道义上的责任去救一个在远方挨饿的孩子，就像救一个在你面前溺水的孩子一样。孩子与你的物理距离远近并不影响你的道德义务多寡。[1]

当然，对我们来说，忽视一个远在天边的困境要比忽视一个在你眼前溺水的孩子容易得多，但容易得多并不意味着就是正确的。

辛格认为，我们应该把相当大一部分收入捐给踏实肯干的慈善机构：年收入超过 1 万美元的人捐出 5%，年收入超过 15 万美元的人捐出 10%。辛格本人将收入的 20% 捐献给慈善机构。如果辛格所言不虚，那么从道德上讲，我们大多数人确实很坏，我们的行为就像那些因为舍不得昂贵的新衣服而让孩子淹死的家伙一样糟糕。

当然，你或许能找借口说：你不知道自己所作所为在道德上有多坏。不过，一旦你被辛格说服了，这个借口就失效了。

那么辛格的观点是否正确？目前仍有争议。有些人认为，在你面前的溺水儿童和远方的饥饿孺子之间的一个区别是，只有你能救前者，而其他很多人能救后者。这就弱化了你为第二种情况

---

[1] 参见彼得·辛格《你能拯救的生命：如何在消除世界贫困中发挥你的作用》（ *The Life You Can Save: How To Play Your Part In Ending World Poverty* ），纽约，兰登书屋，2009 年。

采取行动的道德义务。

然而，正如辛格所指出的，这种反对并不能为你拒不救助提供充分理由。即使泳池边还有其他人也会跳下去救那个溺水的孩子，这并不意味着你在道德上就免除了救助义务。当纳粹暴行发生时，许多德国人视而不见，这并不意味着他们每个人都可以得到原谅。

无论辛格关于慈善捐赠的说法是否正确，都应该记住，在很多时候，我们中的许多人都曾做过带有道德瑕疵的事，尽管自己可能没有意识到这一点。在某些时机和场合，大多数人在道德上可以接受把他人当作奴隶、根据肤色歧视他人、使妇女被奴役，等等。也许我们就是其中的一员，在做非常糟糕的事情同时还自诩为好人？

"我是个坏人吗？"这个问题经常被那些回首往事并为自己过去行为感到担忧的人提出。就像我在《我是谁？》那章中所说，行为举止往往比自我反省和纸上谈兵更能揭示我们的性格。毫无疑问，我们中的一些人确实是坏人，其他人或许有可取之处，但总的来说，我们的缺点要比优点多得多。因为我们的行为说明了这一点。但另一方面，我们有的人过度苛求自己，只关注缺点，却忘记了自己做过的好事。我们看似是自己最严厉的批评者，但对自己到底有多好、有多坏做出可靠的评估通常并非易事。

我们被自己的好与坏困住了吗？也许我们中的一些人不是天生就有原罪，而是基因使之更容易受到愤怒和暴力的影响。芬兰的一项研究发现，与非暴力罪犯相比，犯有 10 项或 10 项以上暴力罪行的罪犯携带这两种变异基因的可能性要大得多。他们认为，这项研究说明芬兰 5%—10% 的严重暴力犯罪可以归因于两类遗传变异[1]。

然而，我们并不是基因的奴隶。剑桥大学发展心理病理学教授西蒙·巴龙-科恩（Simon Baron-Cohen）表示，我们的行为至多有 50% 是由基因决定的。事实上，芬兰那项研究表明，与暴力行为有关的基因变异相当普遍。我们中的许多人（一篇论文称这一比例达到 40%）携带这些基因，但大多数携带这些基因的人最终都没有成为暴力罪犯[2]。基因可能赋予我们行为上的敏感性，但我们不是它们的傀儡，更不能简单地说"人性本恶"。

---

[1] 蒂霍宁（Tiihonen）等《极端暴力行为的遗传背景》（"Genetic background of extreme violent behaviour"），见于《分子精神病学》（*Molecular Psychiatry*），卷 20，2015 年，第 786—792 页。
[2] 菲利普·汉特（Philip Hunter）《心理基因》（"The Psycho Gene"），见于欧洲分子生物学杂志（*EMBO Rep*），2010 年 9 月，11（9），第 667—669 页。

33. 如果我失败了会怎样？

普林斯顿大学教授约翰内斯·豪斯霍弗（Johannes Haushofer）最近出版了一本《失败履历》（*CV of Failure*）的新书，他感慨：这该死的失败履历比我的整个学术生涯更受人关注[1]。在书中，他列举了自己的每一个失败案例：包括所有没被发表的论文，所有申请过却没有得到的岗位，所有拒绝资助他的机构。豪斯霍弗说："我的大部分尝试都失败了，相比成功的浓墨重彩，这些失败往往是看不见的。我注意到，这有时会给别人留下这样的印象：大多数事情对我来说都不成问题。"然而事实是，就像大多数成功人士一样，豪斯霍弗也屡遭挫折。这些成功的人往往在前进的道路上失败了很多很多次。

正如豪斯霍弗提醒我们的那样，我们很容易忘记失败是生活中必要且重要的一部分。就我自己的生活经历而言，我知道我做

---

[1] https：//www.princeton.edu/~joha/Johannes_Haushofer_CV_of_Failures.pdf.

的多数尝试都失败了，不过我欣然接受，这些都是为追求成功付出的学费。实际上，我取得的成功也常常建立在我的失败履历上，我从错误里学到了很多。

挫败感是人类生活的一部分。即使最成功的人也常常以失败者自居。世界上最成功的音乐人之一保罗·麦卡特尼（Paul McCartney）在一次采访中说："不管你多有成就——我知道很多人确实很有成就——你都应该觉得每个人都比你做得好，做事对他们来说似乎更容易。"[1] 连保罗都觉得自己像是个失败者，你有同样的感觉也可以理解。

但挫败感也可能是灾难性的。首先，它可能会导致我们绝望，甚至不再尝试。没错，如果你不去尝试，你肯定不会失败，可你也不会成功啊。其次，屡屡失败的经验可能会使我们过早放弃。可能有意努力尝试，但当拒收信掉到门垫上时，很快就会变得一蹶不振。的确，当某些事情真的无法实现时，必须坦然接受：不管多么努力，一个身高 210 厘米的人也永远不会在埃普索姆德比 [2]（Epsom Derby）中成为胜利者。但另一方面，许多人遇到了几个小坎坷就偃旗息鼓了，可是坚持就是胜利。成功者正是那些在前进路上屡战屡败却屡败屡战的人。

这本书的不少地方，都出现过斯多葛主义哲学的身影。斯多葛主义者鼓励我们管理好自己的期望。他们认为，生活不可避免

---

[1]　保罗·麦卡特尼在哥伦比亚广播公司（CBC）的《60分钟》（*60 Minutes*）节目上，对莎琳·阿方西（Sharyn Alfonsi）说。
[2]　英国著名的赛马会。——译者注

地会给我们带来许多灾难，如果没有做好心理准备，这些灾祸就会对我们产生更大的破坏性影响。所以，必须有所防备。想必斯多葛学派也会对失败说同样的话：让我们期待失败，当失败不期而至时，我们就能更好地应对它。

然而，期待失败（事实上是为避免失败早做打算）和关注失败是不一样的。有一次，为了能沿着危险障碍物（如巨石和树木）之间的狭窄小径骑行，我获得的建议是：永远不要把注意力放在障碍上。因为盯着前面那棵树，你更有可能撞到它。相反，要专注于路线。的确，要意识到障碍所在并知道如果出了问题你会怎么做，但不要盯着障碍物本身。

我们不应该把注意力集中在实际的和潜在的失败上，这种更一般化的德行，我想是有价值的。研究表明，失败孕育失败。一项调查发现，第一次就成功的猴子在随后的试验中会表现得更好，而那些犯了错误的猴子在随后的表现，还不如听天由命。[1]

但斯多葛学派的思想难道不是认为我们应该审视或将发生在自己身上的坏事吗？罗马的斯多葛学派把这种思想称为"提前冥想"（见第 132 页），由此更好地管理我们的期望。但这一工作有时会适得其反。从看到自己成功地打进那个球，到做出艰难的攀登动作，再到把标枪扔到很远的地方，这些积极的想象是运动心理学的关键技巧之一。想象自己成功似乎会让你更

---

[1]《科学美国人》（*Scientific American*）网页：https://www.scientificamerican.com/article/why-success-breeds-success/。

有可能成功，相反，想象自己失败会让你更有可能失败。所以，即便斯多葛学派或许是对的，作出飞来横祸之类的假设的确于我们有益，但想象自己必将失败或许就没什么用了。

　　也许对待失败的正确方法不是期待它或想象它，而是围绕它做周详的计划。这样，当失败发生时，我们更有可能冷静而卓有成效地应对它。

34. 我是精神病吗？

在数不清的电影和书里，精神障碍者都很奇妙。他们的一大特点是缺少与人沟通回应的共情能力。类似家人去世这样的催泪之事，精神障碍者听了只会无动于衷。一个在线论坛上，被确诊为精神障碍者的雅典娜·沃克（Athena Walker）这样描述自己：

> 我与周围其他人明显很不一样，在我很小的时候，当意识到别人的行为与我迥异时，我就看出了这一点。显而易见，我体会不到他们的感受。[1]

然而，因为精神障碍者知道眼泪和明显的痛苦迹象，是那些刚刚失去亲密家庭成员的人所期望的，他们也就常常学着表现出很痛苦的样子。所以精神障碍者通常戴着面具。的确，美国心理学家赫

---

［1］ 引用于 Quora 网站，2016 年 9 月，156。

维·克莱克利(Hervey Cleckley，1903—1984)关于精神障碍患者的经典著作正是叫作《理智的面具》(*The Mask of Sanity*)。

精神障碍的其他特征包括无所畏惧、冲动、缺乏内疚和自责。精神障碍者通常很擅长通过诡计和谎言得到他们想要的东西。他们还经常表现出施虐倾向，并被爆出有伤害他人或动物的冲动。19世纪晚期，来自马萨诸塞州的护士简·托潘(Jane Toppan)使用致命药物杀害了31人。研究精神病生理学的专家阿德里安·雷恩(Adrian Raine)在他的《暴力解剖》(*The Anatomy of Violence*)一书中这样描述简·托潘：作为一名精神病患者，她最兴奋的事就是看着病人的生命被慢慢地吸干。她说，看着他们死去的那一刻，会给她带来"满足的喜悦"。

很明显，精神障碍者可能会给他人制造巨大的安全隐患。但不是所有的精神障碍者都是暴力和危险的。尽管存在缺乏同情和悔过等问题，有些人仍然可以经营非常正常甚至成功的生活。我几乎能肯定你一定遇见过这样的人。毕竟，精神障碍者据说占人口总数的1%，走在一条繁华的大街上，你一定能遇到一两个精神障碍者，只是你辨认不出他们。尽管他们的内心与常人有着令人不安的不同，但外表上与大家并无二致。

据说精神障碍者会被某些职业所吸引。加拿大心理学家罗伯特·黑尔(Robert D. Hare)设计了最常见的精神障碍测试(详见下文)并声称，在高级商务人士中，如果大约1%的人符合这种疾病临床标准的条件，3%—4%的商务人士都是临床上的精神障碍者。事实上，黑尔说，声名狼藉的媒体大亨罗伯特·麦克斯韦

（Robert Maxwell）可能就是个精神障碍者。

　　精神障碍不被认为是一种精神疾病。相反，它被归类为一种人格障碍。特别要注意的是，精神障碍者在法律上不被认为是精神失常的。他们被视作知道对与错的区别并能充分意识到自己在做什么。因此，被诊断为精神障碍并不意味着你可以不为自己的行为承担法律责任（尽管你可能会被送到特护医院而不是监狱）。

　　是什么导致人们成为精神障碍者？目前尚无定论，但似乎先天和后天因素都起了作用。众所周知，符合精神障碍者的标准与存在某些不寻常的大脑特征相关，比如较小的杏仁体。这可能解释了为什么精神障碍者更缺乏同理心（杏仁体是大脑中一个很小的、杏仁形状的部分，在处理情绪方面起着关键作用）。

　　我们怎么知道正在面对的是一个精神障碍者？标准的诊断测试是由心理学家罗伯特·黑尔设计的，被称为"黑尔精神病量表"（或者 PCL–Revised）[1]。这个测试包括 20 个特征，例如：

- 油腔滑调和肤浅的魅力
- 对自己的估计过高
- 需要刺激
- 病态说谎
- 狡猾和控制欲强
- 缺乏悔恨或内疚

[1] 黑尔（2003）《黑尔精神病量表》（*The Hare Psychopathy Checklist*）（第 2 版），多伦多，加拿大：多元健康系统。

·浅薄的情感（肤浅的情绪反应）

·麻木不仁和缺乏同理心。

当满足这 20 个特征中足够多的点并达到足够高的程度时，受试者就符合成为精神病患者的标准。

当然，面对这样的清单时，我们很容易就会对照它来检视熟悉的人。"嗯，约翰叔叔经常撒谎，是不是？""而且可能相当冷酷无情……我的上帝！他是一个精神病患者！"尽管如此，黑尔明确表示，他的实验只有靠适当人员以科学控制的条件进行专业测试才能被认为是有效的。

你是个精神障碍者吗？这是有可能的。在其他条件相同的情况下，你有 1% 的机会命中。但是，如果这个问题对你造成了困扰，那么你就不太可能是一个精神障碍者。精神障碍者通常不会受到这种担忧的困扰，通常也不会寻求治疗。在那些被确诊的人中，大多数人没有向医学或心理专家寻求帮助；来求助的通常是受患者影响的朋友或家人。

由精神障碍者衍生出许多有趣的哲学问题。我们在上文看到，精神障碍者并不意味着对其违法行为不需要负刑事责任。另外，因为据称精神障碍者完全懂得他们所做的事是错误的，所以他们被认为应该对自己所做的坏事负有道德责任。

但这是真的吗？这部分取决于我们针对道德的哲学观点。哲学家康德认为对错只能由理性来决定。根据康德所述，我们对谋杀的感觉（情感反应）就做出道德判断而言是无关紧要的。因为精神障碍者与其他人一样理性，他们只是缺乏某些情感反应。按照康德的观点就会得出这样的结论：只要精神障碍者的理性能力正常发挥，他们就能毫无障碍地知道是非对错，哪怕感觉存在缺陷。

然而其他哲学家，如大卫·休谟，坚持认为道德最终不植根于理性，而植根于我们的情感反应。你不会在谋杀本身发现谋杀行为的错误。相反，错误是通过反躬自省以及发现我们对谋杀的感觉而得以揭示的。但是如果一个精神障碍者缺乏那种与道德判断相关的情感反应，如同情、同理心、懊悔、遗憾等，那么就道德认知而言，他们或许还是存在严重的缺陷。

当然，精神障碍者可以学会说偿还债务是"正确的"，而谋杀是"错误的"，就像红绿色盲的人可以学会说罂粟花是"红色的"、草是"绿色的"。但正如缺乏红色和绿色经验的人不能完全理解"红色"和"绿色"的含义一样，一些人可能会说，缺乏适当共情能力的人也不能完全理解"正确"和"错误"的含义。

即使休谟关于道德完全植根于我们的主观感受的观点是错误的，但他似乎说对了一件事：道德与我们的情感存在一定关系。以医院的两个访客为例：一个人拜访生病的同事完全出于冷静的评估，他认为这是理智所要求的。然而，他完全缺乏怜悯、同理心、同情心，等等。从感情上讲，他一点也不关心生病的伙伴。另一个拜访者则纯粹是被对同事的个人情感所驱使。这两位来访者中，谁的行为更合乎道德？康德会认为，第二个来访者的行为完全不符合道德。如果你倾向于认为第二个人的行为确实合乎道德——也许比第一个人更合乎道德——这表明你认为道德判断及行为与我们的情绪必然存在某些关联。

35. 我是个好人吗？

在我们考虑你是否是一个好人之前，让我们先把一些话说明在先。人类并不是被干净利落地分在两个盒子里：好的和坏的。当我们还是孩子的时候，玩游戏的过程中把人分成"好人"和"坏人"可能很有趣，即便如此我们也不能很容易地区分二者。事实上，我们大多数人既不是英雄也不是恶棍。

当然，耶稣可能是个例外，除了他，没有人是完美的。但也并非所有人都是坏人。善与恶处于天平的两端，而我们普通人则介于两者之间。

什么是好人呢？据推测，如果好人可以靠努力养成，那就需要一种总体的好。比如说，你至少需要有三分之二的特质是在由坏变好。即使我们远非完美，至少我们中的一些人有资格成为好人。你是他们中的一员吗？

你询问"我是个好人吗？"这本身就是一个积极的信号，它表明你关心道德以及如何做正确的事，或者说你想成为一个好人。

从道德上讲，那些不太在乎自己是好是坏的人，更有可能在天平坏的一端被人发现。所以，如果我们能排除你是他们中的一员，那就提高了你成为一个好人的可能性。

尽管如此，很多非常在乎自己要做正确事情的家伙并不是好人。那些被误导的宗教和政治狂热分子、邪教分子和十字军战士是最具戏剧性的例子，他们相信自己在做正确的事情，但显然，他们做错了。一些真正的信徒在自居"好人"的时候干着折磨、残害甚至杀戮的勾当。他们错误地认为，从事这种骇人听闻的行为是道德对他们的要求。这些人的确出于好意。他们想做好事，他们的目标也是做好事，而且他们确实认为自己在做好事。但他们不是好人。

即使你做事情的意图事实上是好的，不管它有多真诚，那也不足以让你成为一个好人。假设我真诚地答应归还你借给我的车，并说"我发誓，今晚我真的、真的会还你的车！"说这话时我是真心诚意的。但如果我因为懒惰或喜欢这辆车而没有归还，那就完美地证明了我不是一个好人。好人就是有好品格的人，一个拥有好品格的人足以让你信赖，因为他们即使在困难的境地也能表现良好。他们是值得信任的人，即使在感到无聊、疲劳或受到诱惑时，他们也会做正确的事情。

请注意，拥有好品格并不仅仅是碰巧做一些好事。一个贪婪、自私的大亨，为了让自己赚更多的钱，投资了一个实际上能给他带来很多好处的项目。尽管这的确会给世界留下一片实质上更美好的区域，尽管大亨的作品也很棒，但他仍然不是一个好人。因为他投资所导致的好结果是一个愉快的意外，而这不是他的初衷。因此，有做好事的意愿似乎是成为一个好人的必要条件，尽管良好意愿本身并不足以保证你是好人。

那么，你是个好人吗？假设你的目标是做好事并且相当靠谱地实现了它。这足以让你成为一个好人吗？

也许这还是不够。在 20 世纪发生的一些生动事例，说明过着体面生活的普通人——他们常常被评价为诚实，他们会偿还债务、避免偷窃并对陌生人友善——是如何在某些情况下被允许并切实在为道德恐怖推波助澜的。从柬埔寨的杀戮场，再到纳粹德国，我们发现，在过去的履历中，那些过去被我们认为是"好人"的人突然以一种可怕的方式行事。

有趣的是，一些研究对那些面对难以言说的恐怖仍岿然不动的行为良好者的背景，例如在大屠杀中拯救犹太群体的人的背景进行了研究。到底是什么让他们即使在最极端情况下也能做正确的事？哲学家乔纳森·格洛弗（Jonathan Glover）写道：

> 如果你看看那些在纳粹统治下庇护犹太群体的人，你会发现他们身上具有很多共性。其中一点是他们的成长环境与一般人不同，他们往往在一种非专制的氛围中成长，他们长大后会与他人产生共情，会独立思考问题而不是只做别人要求做的事。[1]

---

[1] 乔纳森·格洛弗《进入善与恶的花园》（*Into the Garden of Good and Evil*），见于《卫报》，1999 年 10 月 13 日。

皮尔·奥利尔和萨缪·奥利尔还对施救者和非施救者的背景进行了比较研究。他们在《利他主义人格》（*The Altruistic Personality*）一书中写道："施救者的父母明显较少地依赖体罚，而更多地依赖讲理。"[1]

因此，假设我们想培养出好人，也就是那种能够抵制陷入诸如纳粹统治这样的道德灾难的好公民，有证据表明我们应该好好提高公民的独立思考和为自己道德判断负责的能力，而不是将道德判断移交给当地牧师、阿訇等外部权威。我认为我们应该避免培养"道德的绵羊"，也就是那些只因为仁慈的权威要求他们这么做然后才能靠谱地做正确之事的人。一个由这样的个体组成的社会可能会表现很好，街上没有垃圾，也很少有犯罪。然而，如果现在决定将民众引入危险的歧途，民众将没有能力反抗权威，并将继续遵守命令和规则。

假如一个社会是由那些一心做好事的个体组成的，如果这些人认为做好事意味着遵从他们的宗教、政治或其他权威，而且他们也碰巧遇上了良好的权威，那么我们还能说这个社会是由"好人"组成的吗？你们不妨自己做个判断。但在我看来，无论我们是否应该说这是一个"好人"社会，这种情形都酝酿着潜在的道德灾难。

---

[1] 萨缪·奥利尔（Samuel P. Oliner）和皮尔·奥利尔（Pearl M. Oliner）《利他主义人格：纳粹欧洲的犹太人救助者》（*The Altruistic Personality – Rescuers of Jews in Nazi Europe*），纽约，自由出版社（The Free Press），1992年，第179页。

36. 我还是 20 年前的我吗？

许多哲学家都有一个烦人的习惯，他们在回答问题时总说："嗯，这取决于你所说的是……"不过，这可能是一种正确的反应。你和 20 年前的你是同一个人吗？这取决于你说的"相同"是什么意思。

哲学领域起码有一半"战斗"是试图搞清楚我们想表达的意思。大量哲学领域的麻烦都是由于我们对词语含义理解不清而引起的。这里有一个例子：

在古希腊，一位名叫赫拉克利特（Heraclitus）的哲学家问："我可以两次跳进同一条河流吗？"我们不知道他到底想表达什么，但他认为人不能踏入同一条河流两次的原因有可能是这样的。

假设你在下午 1 点跳进河里，然后爬上来，1 点 5 分你又跳进河里。在这 5 分钟内，河水其实已经发生了很多变化：水会移动，泥土会移动，芦苇会生长一点点。所以这条河已经不一样了。但如果这不是你跳进去的那条河，那么你跳进去的河必然是两条，而不是一条。第一条河居然消失了，取而代之的是第二条河！

　　这似乎是一个荒谬的结论，毕竟几乎每个人都认为你可以两次跳进同一条河。那么，我们应该接受这个看似荒谬的结论，还是说这个论证有问题？

　　实际上，这个论证的确有错误。我们不知不觉地陷入了"相同"这个词的两种不同含义。当然，从某种意义上说，当你下午 1 点 5 分跳进去的时候，这条河的性质或属性已经发生了变化，泥浆移动了位置，水也移动了。但最后我们得出结论，一条河被换成了另一条河——河的数量是两条。这是不一样的"相同"，我们可以把它叫作数目上的相同，而不是性质上的相同。

　　这是一个重要但很容易被忽略的差别。我可以有两个在性质上相同但在数目上不同的物体。例如，两支完全相同的笔。

　　换言之，我有一支上周还满是墨水的钢笔，今天墨水已经用光了，所以钢笔的性质已经发生了改变。我手里的东西从数目上是相同的，就物体而言也是相同的，但它在性质上和以前不一样了。同理，如果我把车撞了，它还是我的车。如果我咬一口苹果，这个苹果依然存在，并不会被一个有缺口的新苹果取代。

　　因为我们一直使用"相同"这个词，如果我们误会了意义上的转换，那么最后就会得出一个荒谬的结论。因为这并不是说，如果这条河性质上发生了变化，那么它在数目上也会发生变化。

　　一旦对性质的相同和对数目的相同有了更清晰的认识，我们就能更好地回答以下问题：这是我以前用过的那支笔吗？这是我以前见过的那条狗吗？还有文章开头的那个问题：在那张 20 岁所拍的照片里看到的家伙和你，是同一个人吗？

当然，20年时光会给人带来很大变化。你的身体已经发生了变化。你的心理也发生了变化，因为你记忆的存储已经不同以往。所以，从性质上看，20年后的你已经明显不一样了。但这并不意味着在数目上你不是照片上的那个人。

是什么让你和之前那个家伙成为同一个人呢？为什么当我们看现在的你和那张老照片里的你，不是在看两个不同的人，而是在看同一个人？这是一个著名的哲学难题。如何回答这个问题，人们没有达成共识，但有两个重要的哲学理论与此相关。

我把第一个理论称为动物理论，因为它认为人本质上是一种动物，所以你必须按照动物的解释来看待人。动物理论巧妙地解释了为什么我们在这张20年前拍的照片中看到的是你，因为照片中的家伙和我们看到的你是同一个人类动物。你只是变老了，也许还长高了一点，或者更胖了，或者更瘦了，或者别的什么。当然，动物理论有它的困难。如果你看过林赛·罗韩（Lindsay Lohan）饰演女儿、杰米·李·柯蒂斯（Jamie Lee Curtis）饰演母亲的电影《辣妈辣妹》（Freaky Friday），你就会知道故事情节：通过幸运饼干，母女在一次奇遇之后互换了身体，女儿的所有性格特征、记忆和其他心理都转移到了母亲的身上，母亲的也给了女儿。在电影中，她们醒来时发现自己的灵魂寄居在对方的身体里。可是根据动物理论，她们不会改变身体，如果第二天早上在女儿床上的是同一个动物，那就是女儿。尽管她的灵魂已经和母亲一样，但那并不是躺在女儿床上的母亲。只要动物身体一致，"女儿"还是女儿。但我们并不认为这是一个正确的结论,毕竟照我们的理解,这个女儿和她妈妈已经互换过身体。所以遇到这种"身体交换"的情况时,根据动物理论得出的结论似乎与我们的直觉恰好相反。

另一个主要理论被我称为心理属性理论,意思是无论你身往何方,正确的记忆和其他各种心理属性都会随之而去。所以,如果这些特性能从动物性身体上发生转移,那么你这个人也会。当我们考虑你是否为那张 20 岁照片中的人时,心理属性理论似乎给出了正确的结论,因为你和那个更早的人分享了共同的记忆和其他心理特征(当然,你可能在 20 年的时间里失去了一些记忆,又获得了一些新的记忆,但仍然有无数重叠的记忆把你和那个更早的人联系起来)。与动物理论不同,心理属性理论直观地为电影《辣妈辣妹》给出了正确答案:当相关的心理属性发生变化时,母亲和女儿的身体确实发生了互换,而人本身也会跟随属性的变化而变化。

然而,心理属性理论也面临着自身的问题。根据这个理论,原则上没有理由可以反驳为什么不能有两个你。假设创造了一种高科技的复制设备,把一个茶壶放在里面,按下按钮,两个完全相同的茶壶就出来了——原来的茶壶现在有了一个完美的复制品。

现在假设把你放进装置里。除非有规定说不可能存在两个你,但至少根据心理属性理论,现在产生了两个你。因为走出装置的人和你一模一样,甚至心理上也一样。他们在性质上彼此相同,并且和走入装置的人(也就是你)一样。但是他不可能在数目上都和原本的你合并，毕竟现在有两个人站在那里，而不是一个人。根据心理属性理论，这两个人都是你，但这个结论一定是错的。

事实上，在这种"复刻"的设想中，似乎动物理论更符合正确结论，即你的身体专属于你自己，从机器中走出的两个人里只有一个人是你（就是走进机器的那个动物体），另一个复制品只是你的翻版，而不是你。

那么回到开始的话题，究竟是什么让我们确定 20 岁的照片里的人就是你呢？这个问题在哲学层面尚未有确切答案。

37. 为什么我总是把别人推开?

　　为什么我们要把别人推开?也许有许多不同的原因。其中一个较为抽象的原因是法国哲学家让－保罗·萨特提出的,其中常被人们引用的一句是:"他人即地狱。"这句名言实际上是萨特戏剧《间隔》(*No Exit*)中一个角色所说的。在剧中,三个人发现自己身处地狱。只不过地狱并不是他们想象的那样,没有酷刑室,也没有火湖,只有他们三个人在客厅里。慢慢地,他们意识到自己将被永远困在彼此的陪伴里,以此带来折磨。最终,他们中的一个人终于意识到真相:不需要烧红的烙铁,他人即地狱。

　　但是为什么陷入他人的陪伴会是一种地狱?萨特随后在关于这部戏剧的一些评注中解释道,他并不是以此类比我们与他人的关系总是被污染了的,也不是说每个人都很坏,他想说的是:

　　　　……要是和他人的关系被扭曲、被玷污,那么,那个人只能是地狱。为什么?因为……当我们思考自己,当我们试图了解自己时……我们总会用到别人已有的知识。我们在用别人以及别人判断我们的方式来判断自己。[1]

萨特似乎在强调我们对自己的判断:我们只能通过他人提供的镜子来了解自己。当这面镜子扭曲了,向我们展示了一个扭曲变形的自己,然后被迫无休止地看着镜像将成为一件无法忍受的事。

所以,我们可能会把别人推开的一个原因是,他们反映出的是让我们觉得扭曲和不安的自己。谁会想照那种镜子?

很明显,我们害怕别人的负面评价。当然,我们也害怕其他潜在的负面后果,使自己在情感上容易受到他人伤害。事实上,这是一个用以说明为什么有人倾向于把别人推开的标准解释。心理治疗师或许可以很好地解释,一个人在开始亲密关系时可能会遇到的困难,这或许是他们此前曾被父母残忍拒绝的结果。如果你觉得别人从情感上走入你的生活将是灾难性的,或者别人总是持续地让你失望,那么你就很难信任别人。然而,我们大多数人仍然想要这样的亲密关系,结果我们可能会发现自己被撕裂。当别人来敲门时,我们打开门,但随后我们惊慌失措,很快又"砰"的一声关上了门。如果你发现自己处于这种情况,治疗师也许能

---

[1] 引自爱德华·格里普(Edward Grippe)《我们选择的地狱》("The Hell of Our Choosing"),见于马克·桑德斯(Mark Sanders)和杰里米·维纽斯克(Jeremy Wisnewski)编《伦理学与现象学》(*Ethics and Phenomenology*),第 118 页。另外可参戏剧《间隔》戏单,见于 https://sites.google.com/a/lclark.edu/clayton/commentaries/hell。

帮助你找出究竟什么是你摔门而去的原因并提出应对之策。

坦率地说，对我们许多人而言，想要独处的另一个原因在于：社交是件麻烦事。一次长达一两个小时的谈话让人筋疲力尽。最终，我们可能只想要一些属于自己的时间。即使是对我们亲近的人来说同样如此。虽然有他人陪伴的确很美妙，但陪伴有时也可能无聊，或者令人心烦意乱。

有些人认为，如果我们想要获得洞察力——尤其是对我们自己的洞察力，那么多一点独处是有帮助的。人们普遍认为，至少在一段时间内，像隐士一样生活可以为我们提供一个精神和（或）智力上的跳板。耶稣曾独自在旷野住了四十昼夜。哲学家路德维希·维特根斯坦也曾在肖伦镇的一间僻静小屋里独自生活了一段时间，那里是挪威峡湾尽头处的一片美丽山区。后来他在谈到挪威的那段经历时说：“我的内心似乎孕育出了新的思想活动。”而在尼采的著作《查拉图斯特拉如是说》（*Thus Spoke Zarathustra*）中，虚构的隐者查拉图斯特拉的出场方式就像从山上下来的摩西一样，他向世界展示了一种新的、能提高生活质量的哲学。

所以，哪怕正与他人在一起，减少噪声、排除干扰等独处能力至少对一些人来说是有价值的。给自己留点独处时间，也许不会让你琢磨出一种彻底的新哲学，但暂时把别人推开，也许能带来有益的内心变化。

38. 我该怎么渡过难关？

有时候，我们会因为失去亲人、关系破裂或其他不幸事件而陷入困境。这些创伤性经历可能会对我们产生强烈影响，以至于我们发现自己深陷其中，无法继续正常生活。当不幸铺天盖地袭来时，我们如何才能摆脱困境呢？

我之前提到过斯多葛主义哲学家，请原谅我将再次提到他们。毕竟当谈到如何处理生活问题时，他们是无与伦比的哲人。正如我们所看到的，针对"为什么我总是生气""如果我失败了怎么办"以及"为什么生活如此艰难"等问题，斯多葛学派提醒我们，生命中我们最珍视的东西总是暂时的，应对损失的方法是培养一种无论风吹浪打总能未雨绸缪的预见性。斯多葛学派的爱比克泰德建议：

当你对一件事感到高兴的时候，考虑一下截然相反的现象。亲吻你的孩子时，你可以嘟囔一句，"不久后你可能会死去"，这有什么害处呢？对一个朋友同样也可以说："不久后你可能会死去，当然也可能我死，我们或许再也见不到了。"……为了保护自己免遭突如其来的事情侵扰，我们应该毫不犹豫地说出这些话。[1]

但假如灾难已经发生了呢？我们能做些什么来帮助自己呢？

斯多葛学派提醒我们，如果损失是不可挽回的，比如所爱的人已经去世，或者已经决然离开我们并开始新的恋情，他们永远不会回来了，这时感情沉湎于此抑或郁郁寡欢是没有意义的。毕竟，过去的事无法改变。斯多葛学派建议我们根除对未来苦难的恐惧以及对过去苦难的毫无意义的回忆，因为这两者都会给我们带来无谓的痛苦。

那么，当人们沉浸在悲伤中时，难道我们应该建议他们：快振作起来，停止胡思乱想？显然，这样做不仅麻木不仁，还可能适得其反。斯多葛学派不会愚蠢到认为我们可以像关阀门一样关闭我们的情感。当悲剧发生后，如果劝当事人要理性、要"控制局面"，只会让他们承受更多悲伤。正如塞内卡向他悲伤的母亲解释道：

我知道，当你一开始情绪低落的时候，我不该反对你的悲伤，免得我安慰你的努力反而刺激你火上浇油。因为治病

---

[1] 爱比克泰德《论说集》，第3卷。

救人时，过早用药比病症本身更有害。因此，我等待着疾病被自己的暴戾所消耗，被时间所削弱，使得身体能承受住疗法的施用，可以禁得住救治和触碰。[1]

所以，不要做一个感觉迟钝的白痴。一旦一个人开始冷静地思考他们的损失，告诉他们"沉溺于过往的自我折磨，对任何人都没有好处"，将会很有帮助。

不过，这并不意味着回顾过去的经验就没有借鉴作用。如其所见，我们可以从错误中学习。如果是我们做了什么愚蠢的事让爱人永远离开，那么理性地反思我们的错误将成为一次有效的练习。正如斯多葛学派所说，我们应该避免一遍又一遍地重复那些无法挽回的事。

当然，接受斯多葛学派建议中蕴含的智慧并说"是的，我不应该那样做"是一回事；能够把这些理论内化于心、外化于行是另一回事。爱比克泰德在书中写道：

> ……要将理论付诸实践。我们现在缺乏理论吗？不，斯多葛学派的书中充满了各种理论。那么还需要什么呢？我们所要的是那种善于应用理论、以行动为之作证的人。[2]

我们如何以这种更根本的方式改变自己，从而不仅仅是临时

---

[1] 塞内卡《致赫尔维亚的告慰书》（*Consolation to Helvia*）。
[2] 爱比克泰德《论说集》，第 1 卷。

接受斯多葛主义思想，还能将其付诸行动？我们必须养成更好的习惯。正如当代斯多葛主义哲学家马西莫·皮格鲁奇（Massimo Pigliucci）在《如何成为斯多葛主义者》（*How To Be A Stoic*）一书中所说："仅仅认识到某件事的真相是不够的，你需要反复练习，一遍又一遍，直到养成习惯。"[1]养成习惯或许需要以每天一次的频率，不断反思自己的思维方式。同时叩向内心"这些情绪是帮助了我还是阻碍了我"以及"我是不是在对无能为力的事情瞎操心"。要经常心平气和地提醒自己，世事无常，灾祸难免，没有什么是永恒不变的。

---

[1] 马西莫·皮格鲁奇《如何成为斯多葛主义者》，伦敦，莱德出版社（Rider Books），2017 年，第 190 页。

39. 我能想说什么就说什么吗？

几乎所有西方人都重视言论自由，即表达观点不受审查或约束的权利。言论自由被认为是民主的基石之一。但与此同时，几乎所有人都认为，至少应该对我们的言论自由设置一条底线。如果你到处侮辱和诽谤别人，你可能会被送上法庭。如果你在广告中作虚假代言，你可能会被起诉。如果你煽动针对少数族裔的暴力，或作为证人在法庭上撒谎，抑或泄露危及国家安全的机密，那么你将有被监禁的风险。即使在那些自豪地宣称自己"自由"的国家，对言论也有许多合理的限制。

那么，我们应该在什么可以说和什么不可以说之间划定一条界限吗？特别是，什么言论应该被禁止，以及为什么被禁止？

在这个问题上被引用最多的哲学家之一是约翰·斯图亚特·密尔，他在《论自由》（*On Liberty*，出版于 1859 年）一书中，为言论自由提供了强有力的辩护。密尔提出了思想和表达自由的四个论证，其中一个如下。

　　密尔说，如果没有经过他人的批判性审视，那么任何人都不应该对自己的观点盲目自信。历史上有无数权威人士深信自己是正确的，却堵住了那些意见正确的异议者的嘴。例如，天主教会试图阻止伽利略发表地球运动说。然而，科学证明伽利略是对的。密尔认为，如果我们要对自己的信念有充分的信心，就应该让我们的观点在思想市场中自由竞争，而不是扼杀异议。

　　然而，就连密尔也认为，在某些情况下，言论可以并且应该受到限制。如何确定是哪些情况呢？密尔提出了"伤害原则"。伤害原则说明，在违背对方主观意愿的情况下，将权力施之于文明社会的任何成员，其唯一正当的目的是防止他对别人造成伤害。根据密尔的观点，国家应该让我们自由地做自己的事情，包括说我们想说的话，除非我们所做的事情对他人造成了伤害。在这种情况下，国家可以合法地介入并约束我们。

　　密尔自己提供了如下的例证：哪怕玉米经销商让穷人挨饿在理论上是可以接受的，但他们对着自己门外愤怒的穷人大喊大叫却万万不行。因为这种情况很容易导致暴力冲突事件。这时候的大喊大叫就是对言论自由的危险滥用。

　　伤害原则听起来似乎很合理：国家允许我开车，但不允许我以危及他人的方式开车。同样，国家允许我说我想说的话，除非我说的话可能会伤害到别人。

　　然而，细节决定成败。到底什么算是伤害？只有身体上的伤害才算数吗？比如在一个拥挤的戏院里大喊"着火了"而导致的人身伤害？当有人诽谤说你的产品很危险，导致你失去生意，你的财产损失算是伤害吗？还有诸如持续辱骂带来的精神伤害呢？这些种类的伤害难道不应该包括在内吗？

显然，有些伤害无法避免。假设有人叫我蠢货，我感到有点沮丧，由此我遭受了一些轻微的精神伤害。可那个人就该被逮捕吗？当然不是。虽然密尔并不完全清楚什么是直接相关的伤害，但他认为纯粹的精神和心理不适无足轻重。事实上，如密尔所言，如果我的演讲冒犯了某些人，但这绝不是国家封杀我的理由。

有的人对此提出异议。他们认为造成冒犯可以作为限制言论的理由。我们不允许人们在公共场所赤身裸体地闲逛，尽管这并没有造成很大的伤害（最糟糕的结果仅是一些旁观者会感到有点不舒服和被冒犯）。但是，如果很多人都认为这是不雅和无礼的，我们就可以据此正当地限制某些行为，比如在超市裸体购物。那么我们为什么不能出于同样的原因而合理地限制冒犯性言论呢？

关于言论自由的争论，在很大程度上取决于国家有理由预防哪些伤害、罪行。以反对亵渎和盲从的法律为例，在许多国家，亵渎神明是违法的。通常的理由是，亵渎是对宗教的侮辱，也冒犯了许多人。

但是为什么是宗教信仰而不是其他信仰，能得到这种特殊的保护呢？比如政治信仰就可以被讽刺和嘲笑。既然讽刺和嘲笑政治信仰是可以接受的，那么为什么要禁止讽刺和嘲笑宗教信仰呢？

也许有人回答：因为在一个健康的民主国家，政治信仰需要对苛刻的批评，甚至是讽刺持开放态度。但这一解释并不能成为宗教信仰就可以免受嘲弄的理由，毕竟宗教信仰往往也是高度政治化的。例如，想一想与宗教信仰相关的慈善捐赠、女性角色、同性恋者的权利、安乐死的权利和无神论者的权利等主张。

那么针对超自然现象的宗教信仰呢？国家保护它们免受讥讽和嘲笑也是正当的吗？当然不是。许多超自然的信仰，比如对鬼魂或精神力量的信仰，都没有也显然不应该受到免予嘲笑的保护。事实上，宗教信仰也不应该包含一种激情的承诺，仿佛人们一旦愿意为这种信仰献身，它们就有资格得到特殊的保护。许多不信教的人也准备为他们的政治信仰而死，而且有的已经付诸行动，但他们的信仰并不被认为是应该受到特殊保护的禁区。所以还是那个问题，为什么宗教信仰应该得到优待呢？

事实上，仔细观察一下，我们应该给予宗教信仰以特殊"尊重"，这难道不是一种历史的错误吗？也就是说，我们已经习惯了给予这种尊重，但却没有什么好的理由支撑继续这么做。向那些声称被批评和玩笑冒犯的人屈服，会不会鼓励更多的人声称自己被冒犯并提出对"尊重"的要求，从而导致言论自由受到更严重的侵害？许多人的确认为亵渎神明的法律是对言论自由的不合理限制。

另一个经常限制言论自由的领域是煽动仇恨，尤其是针对弱势群体的仇恨。法律保护走在街上的人们不因种族、性取向、特定的宗教信仰或残疾而受到虐待，这是正确的。但是，如果同性恋者无意见听到宗教人士在街角谴责活跃的同性恋行为，情况又会如何呢？国家应该允许这种言论吗？或者，如果南非的荷兰归正教会成员在街上大声宣称"任何与其他种族有交往的人在道德上都令人憎恶",那该怎么办? 这是被允许的言论自由,还是不可接受的偏执表达?

　　这一问题经常以权利冲突的形式被提出,即信教人士表达其宗教信仰的权利与少数群体不受偏执和仇恨言论影响的权利。然而,如果宗教人士仅仅拥有信教的美德并且没有特殊的额外权利,那么他们为什么要被排除在适用于其他所有人的反歧视法律之外呢?

　　当然,我们有时会适度地包容那些个人信仰与法律或工作要求相冲突的人。例如,我们不会强迫那些在道德上反对堕胎的医生去堕胎(不管他们的反对是否出于宗教原因)。但是,在法律禁止对少数群体使用偏执表达的情况下,将宗教人士排除在法律之外是否合理呢? 如果偏见与歧视恰好根植于宗教,酒店老板是不是就可以在门口张贴"禁止爱尔兰人""禁止黑人""禁止天主教徒""禁止犹太人""禁止同性恋"而不受法律约束? 是不是在这种情况下,国家就能睁一只眼闭一只眼? 显然,这是完全不可接受的。

　　我们关注的是对言论自由的法律限制。当然,法律并不是唯一的限制。在许多西方国家,人们越来越关注校园言论自由和"无平台"演讲者的实践。在英国,一位对伊斯兰教持高度批评态度的演讲者曾受邀在一所大学的学生活动上发表演讲,但她的演讲被取消了,理由是她"恐伊斯兰"。对性别有看法的演讲者也被禁止从事无平台演讲,理由是据称他们对妇女或跨性别者怀有偏见。

在著名的国际大屠杀纪念联盟（IHRA）中，最早为"反犹太主义"提出定义的肯尼斯·斯特恩（Kenneth Stern）表达了另一种担忧：因为反对以色列批评家，在英国校园里出现的这些反犹太主义思想被指控为"麦卡锡主义"，这或将对言论自由造成"寒蝉效应"。

　　你能想说什么就说什么吗？显然不是。即使在所谓"自由王国"，对言论也有各种各样的法律限制。我们还面临着来自社会的自我审查压力。有时对言论自由的限制是合理的，有时则不然。决定哪些限制合理，哪些不合理，并不是一件容易的事情。

40. 长生不老是件好事吗？

　　世界上有很多办法可以使我们延年益寿，比如健康饮食、增强锻炼。在未来，科技将为我们提供更多可能。最终，我们或许能终止衰老，抑或用新身体来更换旧身体，甚至可以将我们的思想上传到机器人或者虚拟身体中。

　　大多数人都想索取比我们已有的更多的东西。但是到底寿命多长才够呢？你想活到……地老天荒吗？

　　形形色色的宗教承诺信众得永生。但是无尽的生命真的如此令人向往？这取决于你那时将过上什么样的生活。根据《圣经》，天堂的愉悦就包括了大批称颂上帝的赞美诗，著名作家马克·吐温（Mark Twain）就一点儿也不觉得这景况有多吸引人：

　　　　当你在布道坛听说往后余生只用唱赞美诗和挥舞棕榈枝时，你觉得永生很美。但这是一个人能想到的用来消耗时间的最无聊办法。[1]

毫无疑问，与上帝为伴的美好无法用语言描述。但是历经几千年之后，这种快乐会不会有些疲倦和褪色呢？

正如我们在《为什么我不感激自己拥有的一切？》那章（第120页）讨论过的，截肢那样的坏事和中彩票这样的好事所带来的悲伤和快乐看起来都只会持续一阵子，我们人类总会慢慢调整到与之前差不多的幸福水平。如果的确如此且我们哪怕连上帝打个哈欠都看不到，这样看来，要享受永恒并在陪伴上帝中获得永生之幸福，那我们就该对环境和自身做出一些相当激进的改变。

尘世间的永恒存在又是什么？那值得向往吗？最终会变得无聊吗？在雅那切克（Leoš Janáček，1854—1928）基于卡雷尔·恰佩克（Karel Čapek）同名戏剧所创作的歌剧《马克罗普洛斯事件》（*The Makropulos Case*）中，剧中主角歌剧演员艾米莉亚·马蒂（Emilia Marty）（原剧中名为 *Elina Makropulos*）被她父亲赠与一种灵药，服用之后能延年益寿。她已经活了300多岁了，看起来还不到30岁。然而，随着时间流逝，艾米莉亚越发觉得生活乏味、不堪忍受。在勾引了一个男爵之后，她半倚半靠，对于她所经历的一切毫无兴致。她哀叹道："到头来还是一样的，唱着歌熬过这虚无的沉寂。"最终艾米莉亚拒绝服用长生不老药，宁愿死去。

英国哲学家伯纳德·威廉斯（Bernard Williams，1929—2003）

---

[1] 马克·吐温《斯多姆菲尔德船长天国之旅》（*Captain Stormfield's Visit to Heaven*）。

在他的著名论文《马克罗普洛斯事件：反思永生的沉闷》(*The Makropulos Case: Reflections on The Tedium of Immortality*)中指出，过早死亡是坏事，但活太久也可能是坏事，正如艾米莉亚承认无法死亡其实是一种诅咒。在这种情况下，即使地球上存在某种永生之术，无论是仙方妙药，还是把我们的思想上传到机器人或虚拟身体中，这种技术是否可取仍有待商榷。

除非一种情况：如果我们可以被上传到一个完全适合我们的虚拟环境中，那会怎样呢？这里可以提供无尽的新奇刺激，还能通过教育使我们得到提升，不断为我们开启新世界的大门。哪怕对一种活动感到厌倦，我们也会有无穷无尽的其他活动可供尝试。可怜的艾米莉亚已经厌倦了做爱和唱歌，但她没必要继续当歌剧演员，她可能会成为探险家、大提琴手、外科医生、建筑师或科学家。有了虚拟的身体，我们的视野将横无际涯。我们可以改变自己，独自在水下呼吸、遨游太空。我们可以不断扩大自己的朋友圈，享受与各种优秀人物相会的时刻。连所处的环境都不必局限于这个被特定规律所束缚的宇宙，我们甚至可以探索物理上不可能的另类现实。

然而，先前的担忧仍然存在：无穷无尽的新奇事物不会导致无聊吗？一次又一次的新体验会不会变成累赘？我们最终会不会因为一种与永不停息的旋转木马相似的快乐而感到压抑和无聊呢？

我不明白为什么需要无尽的新刺激来让生活中的快乐绵延不绝。事实上，我们大多数人似乎更容易在那些相同的事物中获得快乐。的确,某些时候我们喜欢多样化,比如对待食物。不过我们也喜欢各种各样的重复:"太好了,今天是周五,又可以吃鱼了!"但如果享受日常生活就是我们的天性,那我看不出有什么明显的理由可以说明永生必然会变得无聊。

即使我们一部分人通过不断找乐子保持愉悦的方式被聚到一起,我们需要不断"重启"自己,这样才不会厌倦。一个明显的办法是限制我们的记忆,即使你曾经无数次吃过一种口感美妙的异域风味冰淇淋,如果你毫无印象,你也不会想"哦,别再吃这个了"。这样的话,吃第一百万次的滋味将和第一次同样美妙。

总之,我不认为长生不老必然会变得乏味。

41. 我自恋吗?

在罗马诗人奥维德(Ovid,前43—17)公元前1世纪创作的《变形记》(*Metamorphoses*)第3卷中,我们看到了一个俊美无双的男孩叫那喀索斯(Narcissus),所有的仙女都爱上了他。当那喀索斯弯腰从湖里喝水时,他第一次看到了自己的倒影。那喀索斯被自己的美貌迷住了,他一刻不停地看着水中的自己。深陷其中的他匍匐下来。一直这么看着,直到死亡。

就像那喀索斯一样,自恋者总是沉浸在自爱中。他们如此迷恋自己,以至于这演化为一个问题。他们可能会变得完全以自我为中心,以至于他们开始拒绝接触和欣赏任何超越自己的事物。对自恋者来说,生活的意义"是我,是我,还是我!"

人们常常指责西方人越来越自恋。看看社交媒体,你就很容易找到原因。我们倒不是像那喀索斯一样看着自己在湖中的倒影,而是用自拍的方式定格画面,然后盯着屏幕观赏。在最近一次参观美术馆时,观众对真正绘画作品毫无兴趣的景象震撼了我。他们最感兴趣的仅仅是以这些画为背景自拍。最吸引游客的是他们自己的肖像，他们搔首弄姿、噘嘴、打扮、摆 Pose，然后凝视屏幕，沉浸在自己的照片里。

然而，略显自爱又有什么错呢？有人说，除非我们爱自己，否则就不能爱别人。惠特尼·休斯顿（Whitney Houston）[1]就唱过《最伟大的爱》（*The Greatest Love of All*），提醒我们自爱的重要性。这样看来，高度重视自己也未必是一件坏事。事实上，像爱最亲爱的人一样爱我们自己，难道不是一件好事吗？

亚里士多德在这一领域提出很多洞见。根据他的看法，成为一个有美德的人必须要学会平衡。我们应该坚持他所说的中道，在不受欢迎的两个极端之间获得平衡。寻找中道是过上幸福快乐生活的秘诀。

以勇气为例。勇气介于两个极端之间。一方面是懦弱，惧怕任何危险；另一方面是鲁莽，缺乏计划，毫无意义地陷入危险。勇气这一美德，就处于这两个不受欢迎的极端之间。

或者考虑这个例子，一方面，过于慷慨和奢侈；另一方面，非常吝啬和小气。正如亚里士多德的后学，伊斯兰哲学家安萨里（al-Ghazali，1056—1111）所指出的那样，有德之人采取的立场介于这两个极端的中间：

> 我们需要的是在奢侈和吝啬之间取得平衡，做到适度，目标是在两者之间保持一定的距离。[2]

---

[1]　美国女歌手，《最伟大的爱》是她 1985 年首张同名专辑《惠特妮·休斯顿》里备受歌迷喜爱的单曲。——译者注
[2]　安萨里《圣学复苏》（*Ihya Ulum-Id-Din*），第 2 章。

意大利哲学家、神学家圣托马斯·阿奎那（St Thomas Aquinas，1225—1274）深受亚里士多德启发，并对后来的基督教思想产生了巨大影响，他采纳了亚里士多德的美德观并指出：

> ……恶不符合（适当的）规则或尺度。这可能是因为它们超出了标准，也可能是因为它们没有达到标准……因此，很明显，道德美德遵循着中道原则。[1]

无论亚里士多德、安萨里和阿奎那关于美德总是在两个极端之间寻找中点的说法是否正确，至少他们关于自爱的观点不容置疑。一头是极端的自弃，对自己漠不关心甚至自轻自贱。显然，这不是一种好现象。另一头是极端的自恋，自爱到侵蚀我们过好日子的能力这一严重程度。理想情况下，我们必须在这两个极端之间找到一个健康的平衡。

那么，你是一个自恋者吗？希望你保持一种爱自己的健康程度。缺乏自爱是一件坏事（尽管亚里士多德会补充说，你应该爱自己正确的地方，即你的美德，而不是你在镜子里的美丽映像）。但是，你会因为过分自爱而感到内疚吗？你是否发现自拍正在成为你现实生活的障碍？你是否会羡慕自己，以至于把别人——甚至是朋友和家人——当成故事的背景板，而整个故事的主线都得围绕着你、你、始终是你？如果是这样，那么是的，你可能要为自己的自恋敲响警钟了。

---

[1]　托马斯·阿奎那《神学大全》（*Summa Theologica*），I-II，第64题。

42. 我是个完美主义者吗?

　　完美主义者就是竭力实现事事完美的人。他们也许同样会要求他人尽善尽美。这有什么错吗?

　　当然了,完美主义者也会有缺点。如果你严格要求自己事事完美,但由于人类自身的缺点和限制,事情很难达到你的标准,那么你很可能会对自己感到失望,最后甚至可能因此而自卑、抑郁。

　　如果身为公司职员或者家庭成员,你要求他人事事完美。他们和你的标准相去甚远也是人之常情,而你的态度同样会令他们觉得自卑,甚至会反过来怨恨你不切实际的高要求。

　　完美主义者有一个更糟的弱点,它会导致一种无力感。假如我在寻找新工作、汽车或生活伴侣时苛求完美,当这些事物根本不可能实现时,我必须学会接受现实。如果每一个选择都因为不够好而被否定,我将会陷入没有伴侣、没有家、没有车、没有工作的困境。

　　然而,成为一个完美主义者也有它的好处。固然完美难以企及，完美主义者永远不会实现完美。但是，通过努力追求完美，我们可能会比不追求完美时获得更大的成就。向星星射击，你至少可以到达月球。反过来说，那些满足现状的人一般不太可能比普通人走得更远。

在《完美的不可能性：亚里士多德、女权主义和伦理学的复杂性》（*The Impossibility of Perfection: Aristotle, Feminism, and the Complexities of Ethics*）一书中，哲学家迈克尔·斯洛特（Michael Slote）指出，完美是无法达到的。为什么？想象一个完美的花园，它可能有修剪完美的绿色草坪、形状完美的玫瑰，没有杂草，每一株植物都展示出它最美丽的姿态。但如果所有这些事情无法同时实现呢？如果展示一种植物的最佳优势会不可避免地使其他植物屈居次席，那该怎么办？如此看来，完美的花园是不可能实现的。斯鲁特认为，同样地，虽然坦率和机智都是美德，但一个人不可能同时具有完美的机智和完美的坦率。一个完全坦率的人无可避免地有些缺乏机智。没有人能成为德性完美的人，并同时表现出完美的坦率和完美的机智。

即使在现实生活中没人能像玛丽·波平斯[1]（Mary Poppins）那样"在各方面都近乎完美"，我们就不能在原则上尽可能地在各种美德之间取得一个最佳平衡吗？至少我们也应该以此为目标，不是吗？

有人提出异议，如果完美是不可获得的，那么去追求完美就

---

[1] 电影《欢乐满人间》中的仙女。——译者注

没有意义。不过，其他人会主张这种人生观有害。我们的确不能永久根除犯罪、种族主义或者贫穷，但这并不是我们不将零犯罪、无种族主义和根治贫穷作为最终目标的理由。显然，我们没有理由认为："因为犯罪、种族主义和贫困将永远伴随着我们，试图解决这些问题毫无意义，那么让我们把精力集中在实现其他目标上。"

完美常常被认为在另一个世界。柏拉图有一个著名的论断：我们拥有关于完美的理念，尽管我们从未真正让它成为现实。举个例子，我有一个完美三角形的理念，但是我从来没有见过一个完美的三角形。我遇到的所有三角形都不完美，比如两边不是完全笔直。我是从哪里得到完美三角形的理念呢？柏拉图认为，在某种意义上，你的这种能力与生俱来。在出生之前，你就接触到了真正的完美，其中包括完美的三角形。你现在之所以能从万事万物中识别出三角形，就是因为你此前就有关于完美三角形的知识，你可以用那个理念世界的模型与现实的例子相比对。柏拉图将这些非现实世界的完美实体称为理念（Forms）。理念领域是永恒不变的，而我们在这个世界上看到的不完美的实例都是从理念中获得它们暂时的、多变的存在（我在第45章《人生还有更多可能吗？》中还将做出更多阐释。）

所以柏拉图同意，虽然存在完美，但它在这个世界上无法实现。另一种观点则认为，如果柏拉图是对的，那我们都是完美主义者。因为我们都有关于完美的深刻认识，我们习惯于将周围所看到的与模糊记忆中的完美相比较。

但柏拉图所言果真不虚？

43. 暴力有正义的时候吗？

有些人认为，不管我们的处境有多可怕，暴力永远不是解决问题的办法。哪怕某个高举着斧头的疯子正在威胁你和你的家人，阻止恶行的唯一方法就是开枪打死他，但你仍然不应该这样做。

当然，对暴力的绝对禁止普遍被认为是可笑的。我们大多数人认同，在这种可怕的情况下，诉诸暴力不仅没有错，而且如果因为没有反击暴力而使无辜的人被残忍杀害，这才真的是错误的。

然而，仍有一些人持这种极端观点，他们认为绝对禁止暴力是基于《圣经》的教诲。十诫的其中一条就是：不可杀人。耶稣有句名言：我要求你们不要与恶人作对，有人打你的右脸，连左脸也转过来由他们打[1]。当然，认为以暴制暴是错误的，并不仅仅出于宗教动机。在柏拉图对话录《克里同篇》(*Crito*) 中，苏格拉底也说过类似的话："不管别人给我们造成了怎样的折磨，我们都

---

[1]《马太福音》(*Matthew*), 5: 39。

不能施以报复、以牙还牙。"[1]

　　有些人将耶稣的意思解释为，无论在什么情况下，使用暴力总是错误的。许多早期基督徒遵从耶稣的教导，甚至在自己遭受残酷迫害的时候，他们也信奉非暴力。

　　另一方面，有些人认为使用暴力同样是以《圣经》为根据的。《旧约》中的上帝显然是宽恕战争的。耶和华命令以色列人去打仗，甚至选定了以色列人的敌方，并亲自决定何时以及如何灭敌。有一次，他也亲自下场参战并向对方投掷冰雹。[2]他甚至使太阳不落，好叫以色列人有更多时间继续击杀敌人。[3]上帝要求以色列人不要接受战俘，无论逮到的男女老幼，统统都要处死。由此可见，《旧约》中的上帝是一个战斗之神。

　　大多数基督徒相信上帝在适当的情况下会宽恕战争。而当试图确定什么时候允许战争时，他们常常从哲学家圣奥古斯丁的思想中汲取养分。奥古斯丁生活在西罗马帝国，他认为，如果满足下列两个条件，基督徒就可以在罗马军队中服役并参与战争。首先，这场战争必须由合法政权发动。在奥古斯丁的时代，这个权威是西罗马帝国的皇帝。第二个条件是，必须有一个正当理由，即战争应该是为了对抗真正的不公正而发起的，而不只是为了实现那些宣战者的扩张野心。

　　这两个条件后来被其他宗教思想家，包括 12 世纪的哲学家圣

---

[1]　柏拉图《克里同篇》，49d。

[2]　《约书亚记》（*Joshua*），10：11 。

[3]　《约书亚记》，10：19 。

托马斯·阿奎那扩充。阿奎那补充说，战争应该出于良好的意图。因为阿奎那意识到奥古斯丁的前两个条件可以被侵略者满足，尽管可能碰巧站在正义一边，但实际上他们是为了完全自私丑恶的理由挑起战斗，比如只是为了掠夺更多的人和更多的土地。

这三种条件后来得到进一步细化。西班牙道德思想家弗朗西斯科·德·维托里亚（Francisco de Vitoria，1483—1546）补充道，战争应该以合适的方式进行。也就是说，不应过度使用武力，不应针对无辜平民。所以，为了纠正一些微小的不公正而用核武器攻击全体平民，显然不被接受。

因此，甚至包括最虔诚的信徒在内的我们大多数人都主张，有时个体可以无可非议地诉诸暴力反击，用以自卫或保卫那些无辜的人。我们大多数人还认为，如果符合某些条件，国家就有理由发动战争。

然而，是否真的满足这些条件，往往存在争议。第二次世界大战期间，盟军炸伤了平民。看起来这明显违反了维托里亚的要求，但这种轰炸是合理的，因为当时每个人实际上都是战士，平民在某种程度上也为战争做出了贡献。

根据一些人的说法，2003年伊拉克战争的出发点就是恶劣的。他们认为，这场战争不是由战争的合法授权机构，即联合国发起的，而是由美国和其他一些国家抱团发动的。他们还声称，这场战争是出于自私的原因：美国要加强对中东地区的战略控制，并觊觎那里巨大的石油储备。然而，那些主战派认为，战争的目的是为了消除危险的大规模杀伤性武器，把人民从专制政权中解放出来。他们坚持认为，能使萨达姆·侯赛因（Saddam Hussein）解除武装的所有其他方法都已用尽，所以发动战争是最后的选择。由此可见，人们往往能找到用以发动正义战争的各种条件和理由，从而支持或反对任何一场战争。

也有一些著名的和平主义哲学家，例如伯特兰·罗素，一直为他所谓的"政治相对和平主义"辩护。他认为，战争有时是正当的，但"很少有战争是值得打的，战争制造的罪恶几乎总是比激起人们好战热情的罪恶更大"[1]。罗素称他的和平主义是"相对的"，因为他没有完全反对战争。他还称其观点为"政治的"，因为他认为我们应该把精力花在寻找阻止政府卷入不公正战争的方法上，比如通过非暴力不合作运动。罗素反对英国参与第一次世界大战，他对战争的抗议导致自己被罚款、限制出游，最后还被关进监狱。罗素最初还反对与希特勒开战，尽管他最终改变了主意。

绝对的非暴力主张有意义吗？哲学家简·纳尔维森（Jan Narveson）指出：认为暴力在道德上永远是错误，将导致一个悖论。暴力总是错的，这就意味着暴力的受害者有权不受暴力的侵害。但是，这种权利也包括对你遭受的暴力进行反击从而制止暴力，必要时甚至可以使用暴力反击。因此，纳尔维森总结道，对暴力的绝对禁止实际上赋予了我们使用暴力的权利。这是一个自相矛盾的立场。

作为对纳尔维森的回应，哲学家乔纳森·格洛弗指出，我们

---

[1] 伯特兰·罗素《什么样的途径通向和平？》（*Which Way to Peace?*），伦敦，迈克尔约瑟夫出版社（Michael Joseph），1936年，第8页。

有权保护自己不受暴力侵害，并不是说我们有权使用包括暴力在内的任何必要手段。正如格洛弗所说，"认为某件事是错的，并不是认为受害者有不受限制的自卫权。"[1] 由此看来，绝对非暴力也并非无稽之谈。

不过，绝对的非暴力或许的确不是一个明智的立场。一些人认为，非暴力抵抗的政策最终总会取得胜利。但这可能吗？毫无疑问，在很多情况下非暴力抵抗运动是成功的、有效的政策。甘地领导的对英国统治的非暴力不合作运动，最终成功地把英国人赶出了印度。马丁·路德·金对种族隔离的非暴力抵抗也达到了目的。然而，尽管一些非暴力运动取得了成功，但也有一些会失败。

公开采取非暴力立场的一个明显缺点是，别人一旦知道这一立场，他们就会认准攻击你不会遇到暴力报复。难道你已经准备好把另一边脸伸过去并以此教育侵略者，告诉他们侵犯的代价不过如此吗？这样看来，我们拥抱绝对的非暴力，会不会增加我们被暴力侵害的风险呢？正是由于这种担忧，许多人认为绝对非暴力政策是不明智的。

---

[1] 乔纳森·格洛弗《致死与救生》（*Causing Death and Saving Lives*），伦敦，鹈鹕出版社（Pelican），1977 年，第 257 页。

44. 我找到"真命天子／梦中女神"了吗？

　　我们中的很多人都在寻找此生唯一真爱——理想中的浪漫伴侣。但是与某人终生保持浪漫关系的想法靠谱吗？虽然我们中的许多人都有强烈的欲望，想要亲昵行为、友谊、浪漫和性关系，并希望只与一个人独享所有这些东西，但并不是所有人都认为这种欲望完全值得信赖。

　　19世纪的哲学家亚瑟·叔本华注意到，浪漫爱情的感觉异常强烈，能够驱使人们去做愚蠢和危险的事情。这是一种如此令人陶醉的情感，它能把我们完全征服，甚至可以导致自杀和谋杀。然而，叔本华说，情感其实是自然对我们开的玩笑。浪漫的爱是自然赋予我们的一种情感，用以延续我们的种群。这种激情的所有目的都指向有性繁殖。我们之所以有动力去寻找一个浪漫的伴侣，正是因为相信这对我们有好处。然而事实是，它只对物种的延续有好处。根据叔本华的观点，"自然通过在个体中植入某种幻觉来达到目的，通过这种幻觉，那些事实上旨在造福整个物种的事情看起来似乎只造福于他自己"[1]。

那么，我们寻找"另一半"的本能欲望是自然对我们开的玩笑吗? 的确，叔本华有些冷嘲热讽。很明显，我们对浪漫伴侣的渴望在某种程度上是进化的遗产。从自然的角度看，它的目的至少在一定程度上是繁殖。然而这并不是说，作为个体的我们无法从一个忠诚、互助和热爱生活的伴侣那里得到好处。不言而喻，我们很多人对此都持乐观态度。

尽管叔本华对浪漫爱情的看法格外愤世嫉俗，可其他人的看法则无可救药地不切实际、盲目乐观。有些人相信，在某个地方，你和我都是独一无二的完美伴侣。如果我们最终找到了命中注定的"另一半"，这会让我们的生命合二为一、永远完整。

这一观点在柏拉图对话的《会饮篇》(Symposium) 中得到了很好的阐述。包括哲学家苏格拉底和剧作家阿里斯托芬 (Aristophanes) 在内，各种各样的人参加了一个醉酒的晚宴，人们在此发表关于爱情的演说。阿里斯托芬讲述了一个迷人的故事，说明人类曾经是如何成对地结合在一起的。在那时，有的人由两个女性的身体构成，有的由两个男性的身体构成，有的由一个男性和一个女性的身体构成。这些奇特的生物都有四条腿、四条胳膊、四只眼睛和两张嘴，他们通过翻滚的动作来运动。不幸的是，这些奇怪的生物试图爬上奥林匹斯山，计划反抗众神。为对付这些人，宙斯把他们剖成两半，于是每一半都要试图找到他的另一

---

[1]　亚瑟·叔本华《论爱情的形而上学》(Metaphysics of Love)，线上可见于 https://ebooks.adelaide.edu.au/s/schopenhauer/arthur/ essays/chapter10.html。

半并与可能的竞争者交媾配对。以前都是女性的那对，现在变成了女同性恋；以前都是男性的那对，现在都成了男同性恋；而由男性和女性组成的伴侣则乐于与异性结合交配。当一个人最终找到他的字面意义上的"另一半"时，他们希望永远不要再分开。

虽然阿里斯托芬的故事很动人，但认为我们每个人都有一个独特的"另一半"，这显然是错误的。没有一个人专门为你而生，实际上，很多人都可以让你快乐。

我们最终成为什么样的人，在很大程度上是一种运气。这取决于我们出生在哪个国家、住在哪个地方、我们处于什么社会阶层以及我们上了哪所大学或参加了哪些社交俱乐部。除非你相信命运——你命中注定要和这个星球上某个地方的某个人在一起，而命运会以某种方式确保你们走到一起——否则很明显，你最终和谁在一起基本上取决于运气。如果你出生在一个不同的国家，或者出生在一个贵族家庭，或者在某一天没有参加那个聚会，那么你最终会和一个不同的人生伴侣走到一起。你和另一个伴侣在一起也会同样快乐，甚至更快乐。

所以当我们说到寻找"那个人"时，我们通常并不是说找到这个世界上唯一有能力令我们人生完满的人。至少现实主义者不是这样认为。很明显，与阿里斯托芬的观点相反，现实中这个人并不存在。我的意思是，如果要在所有我们见过或可能见过的人当中找出最适合我们的那个，我们怎么知道什么时候与之相逢？这个答案永远无法求证。

选择人生伴侣的确是一个寻找平衡的过程。正如我在《我是个完美主义者吗?》(第 175 页)中提到的那样,如果你把标准定得太高,你可能会因为别人不够好而冒险拒绝所有追求者,最终一个爱人都得不到。另一方面,如果你把门槛定得太低,你很可能会后悔一辈子,因为你最后才意识到自己嫁给了一个不适合的人。

要寻找那个真正爱你本人的人,这可能是句陈词滥调的建议,但确实非常明智。不要让别人把你看作一个"工程",仿佛能从陌生材料中亲手塑造出一个理想伴侣似的。人的可塑性未必那么强,所以他们,还有你,很可能会以失望告终。毕竟,无论何时何地,有谁想成为别人创造的作品呢?

也要避免那些想要剪断你翅膀、挫败你野心的人。显然,你应该寻找一个你爱并且爱你的人。但是,找到一个支持你的人、一个想要帮助你实现目标的人、一个乐于看到你成功的人,同样至关重要。支持你的人会设身处地地为你着想,倾听你的想法并和你一起工作,即使在困难的时候,你也可以信任他们。如果你找到一个符合所有这些条件的人,那么你可能真的找到了"那个人"。

45. 人生还有更多可能吗？

　　问大多数人现实是什么，他们可能会指着我们看到的周遭世界说："这就是。"所以现实可能是由狗和房子、树和山、恒星和行星组成的。当然，我们不能看到所有的现实，我们看不到最遥远的星系或亚原子粒子，但我们所观察到的至少是整个现实的一部分。然而，并不是所有的哲学家都同意这种依靠"常识"的视角，柏拉图尤其不同意。柏拉图认为，真实世界隐而不彰，我们在周遭看到的只是真实世界的影子或映像。

　　柏拉图用一个故事来解释他对现实的看法。在洞穴的底部，囚犯们被铁链拴在墙上。他们只能看到面前的另一堵墙。囚犯身后是一堆火，能把影子投射到那堵墙上。一些物品在囚犯身后来回移动，物品的影子也被火光投在墙上。因为囚犯们只能看到墙，他们就把这些影子当成了现实。

　　然后一名囚犯被释放。一开始，他一转身就被火光晃了眼。可一旦他的眼睛适应了，他就会认识到，之前所认为的真实世界只不过是影子戏而已，而真正的物体隐藏在视线之外。后来，这个犯人被带到洞外，他看到了太阳。他的眼睛再一次被晃得什么都看不见。当他的眼睛适应了阳光，他才认识到太阳是万物之源。当这位刚刚经过启蒙的人最终回到其他囚徒身边时，他把所见到的一切告诉他们。但其他人都拒绝相信自己受到了蒙骗，也不认为真正的现实是隐藏着的。当他表示坚持，那些人就会愤怒地对他群起攻之。

根据柏拉图的观点，我们的处境和那些囚犯相似。我们被自己的感官愚弄了，所以会把眼前的东西当成现实，但那只不过是影子戏罢了。尤其是我们所看到的狗、房子、树木和山脉等转瞬即逝、瞬息万变的事物，不过是隐藏在我们视线之外的那些完美之物、不变之物的影子。

我们如何才能揭示那个隐藏着的现实？据柏拉图所说，要通过理性的力量去发现。真正的知识正是柏拉图所说的关于"理念"的知识，即那些隐藏在我们感官之外的真实事物，我们只能通过哲学推论来获取它。

当然，柏拉图认为我们的感官不能为我们提供关于现实的知识，这一观点在现代人听来一定很奇怪。我们现在都相信，以观察世界为基础的科学是了解现实最好、也许是唯一的途径。但如果柏拉图是对的，靠研究科学去了解现实无异于浪费时间。

柏拉图关于现实的观点深深影响了基督教思想。你可以在刘易斯（C. S. Lewis）的著作中看到柏拉图的影响，他曾写过《纳尼亚传奇：狮子、女巫和魔衣柜》（*The Lion, The Witch and The*

Wardrobe）和其他关于纳尼亚的系列小说。在纳尼亚传奇的最后一部《最后一战》（In The Last Battle）中，纳尼亚走到了尽头。陆地被大海覆盖，太阳被熄灭。所有纳尼亚的生物都要经过一扇门，进入一个神奇的新地方，这里就像古老的纳尼亚一样，甚至更加奇妙。孩子们知道，他们所熟悉的英国和纳尼亚不过是他们现在所处的现实世界的影子。他们的老师迪戈里·柯克（Digory Kirke）教授解释道："这一切都在柏拉图的书里，都在柏拉图的书里：天呐，学校里教的都是什么！"在最后一页，孩子们知道他们已经死了并进入了一个新的永生之地，过去的生活只是一场梦，现在身处的正是新一天的早晨。剧情之外，1993 年关于刘易斯的一部电影直接被取名为"影子大地"（Shadow lands）。

这是一个隐藏在我们视线之外的不寻常的现实，这个我们死后会去的地方，多么令人陶醉。如果这是真的，那就太棒了。但我们凭什么相信它呢？

非凡的现实何以存在，柏拉图提供了几个哲学论证，最著名的论证被称为"一对多"论证，它的解释如下。

比如说，有五样美丽的东西：一个漂亮的花瓶、一座山、一幅肖像、日落和一朵花。它们都有一个共同点：它们都很美。这些东西以及所有其他美好的事物，都有一个共同点——一个存在于很多美好表象之外的额外之物。正是这种额外之物——美——让五样东西变得美丽。

然而，在我们周遭的世界里，我们从没有注意到这个额外的美本身。因为我们所看到的从来都是不完美的，哪怕最美丽的花也会有瑕疵。而且我们所观察到的东西不断在变化：一朵美丽的花只能维持几天，然后就会凋谢；美丽的日落只持续几分钟。然而，美本身是无瑕的，更是不变的。柏拉图将这种更进一步的东西，亦即完美而不变的美本身，称为美的理念。柏拉图补充道，美的理念就存在于我们目力所及的所有美丽的事物之中。它们存在只是因为理念存在，就像影子的存在只是因为那里存在着投射出影子的真实事物。

柏拉图认为，就像有一个美的理念一样，也一定会有树的理念、房子的理念、猫的理念。事实上，一切有生命或无生命的事物，都有一个理念。正如所有美丽的事物都有"美"这个共同之处一样，所有的树都有共同之处，即树的理念。树的理念这一额外之物，存在于我们看到的特定的树之外，它也是完美的、不变的，不像眼前那些特定的树总有缺陷、最终会死亡。

因此，柏拉图认为存在一个完美的、不变的理念之域，我们在周遭所看到的特定的狗、房子、树木和山脉，都只是稍纵即逝的影子或映像。而那些理念，隐藏在我们的感官之外。

之后，柏拉图再一次运用"一对多"论证，添加了一个终极的理念。因为所有的理念本身都是同一类东西：理念。所以他们也有共同之处。这个额外之物就是理念的理念。

理念的理念是最终的理念，所有的存在和完美最终都来自这个理念。柏拉图称之为善的理念。

在柏拉图的洞穴比喻中，囚徒身后的物体是理念，而囚徒认识到的万物之源太阳，是善的理念。

这听起来可能有些似曾相识——我们死后会去一个完美的地方，所有的存在和完美都来自这个"终极的现实"。这听起来很像天堂和上帝，不是吗？这并不完全是巧合。柏拉图提出的终极现实观念，自古以来一直被宗教思想家们采用，这其中也包括刘易斯。就像归功于《旧约》一样，我们对上帝的现代观念在很大程度上同样要归功于柏拉图这样的哲学家。

当人们问："生命背后还隐藏了更丰富的东西吗？"他们内心深处常常会有这样一种想法：像柏拉图笔下被锁住的囚徒一样，我们为幻觉所欺骗，在我们看不见的地方存在一个更高级的现实。但问题是，这是真的吗？如果我们死后真的去了某个美妙的地方，那多好啊。但柏拉图是否给我们足够的理由相信这是真的呢？

柏拉图自己也意识到"一对多"论证存在问题。其中一个广为人知的困难是，这一论证想证明的似乎太多了。例如，如果柏拉图的论证表明有一个美的理念、一个树的理念、一个狗的理念，那么肯定也会有一个大便的理念，也就是所有大便的共同之处。事实上，按照柏拉图的推理，似乎每种恶心的、患病的、癌变的东西都有它的理念。那么现在，你是不是觉得理念世界听起来不那么神圣了？有谁想去天堂面对那坨完美的宇宙便便呢？

结论：学无止境

　　如果你喜欢这本书并且有意进一步探索哲学，你或许也会对我的这两本书感兴趣：《哲学健身房：25次思想小冒险》(*The Philosophy Gym: 25 Short Adventures in Thinking*) 和《大哲学家》(*The Great Philosophers*)。我也强烈推荐奈杰尔·沃伯顿 (Nigel Warburton) 的《哲学小史》(*A Little History of Philosophy*) 作为这一学科的入门读物。

　　除了阅读其他哲学读物外，你也可以考虑加入一个定期会面的哲学俱乐部，诸如哲学酒馆 (Philosophy in Pubs，可浏览他们的网站 www.philosophyinpubs.co.uk 获得更多信息)；或者参加一些有关批判性思维的俱乐部，其中最棒的诸如怀疑论者酒馆 (Skeptics in the Pub，网站 www.skepticsinthepub.org)。很多其他国家时下也有一些健康的小组在定期举行活动，讨论哲学和批判性思维，比如美国的"边喝边想"(Thinking While Drinking)，它们的网址是 http://thinkingwhiledrinking.org/。如果想找到附近适合你的小组，不妨试着在 Meetup 网站（www.meetup.com）上搜索"哲学"（philosophy）及"批判性思维"（critical thinking）。

还可以关注网上那些很棒的免费慕课（MOOCs，大型开放式网络课程）。当然也有一些涉及各类话题的在线认证课程，课程费用并不昂贵，你可以在牛津大学的继续教育学院等处获取。